普通高等教育"十三五"规划教材

# 计算机算法

刘汉英　陈基漓　董明刚　邓　昀　编著

北　京

冶金工业出版社

2023

# 内 容 提 要

计算机算法是程序设计的灵魂，主要研究设计运算效率更高、占用空间更小的计算机解决问题的方法。

本书分为 9 章，主要内容包括算法概述、枚举、递推、递归、贪心法、回溯、动态规划、模拟和算法的综合应用。对每一个算法，通过实例详细介绍算法的实施步骤，从问题描述、分析、设计到实现。所有问题都给出了 C/C++语言的算法实现，并在 VC++6.0 环境下调试通过；本书部分算法使用了 C++标准模板库 STL，使算法更容易阅读和修改。

本书内容精炼，通俗易懂，可作为高等学校计算机专业教材和程序设计大赛的备考用书，也可作为有关工程技术人员的参考书。

## 图书在版编目(CIP)数据

计算机算法／刘汉英等编著 .—北京：冶金工业出版社，2020.6
(2023.7 重印)
普通高等教育"十三五"规划教材
ISBN 978-7- 5024-8504-7

Ⅰ.①计… Ⅱ.①刘… Ⅲ.①电子计算机—算法理论—高等学校—教材
Ⅳ.①TP301.6

中国版本图书馆 CIP 数据核字(2020)第 071198 号

**计算机算法**

| | | | |
|---|---|---|---|
| **出版发行** | 冶金工业出版社 | **电 话** | (010)64027926 |
| **地 址** | 北京市东城区嵩祝院北巷 39 号 | **邮 编** | 100009 |
| **网 址** | www. mip1953. com | **电子信箱** | service@ mip1953. com |

责任编辑 杜婷婷 美术编辑 彭子赫 版式设计 孙跃红 禹 蕊
责任校对 李 娜 责任印制 窦 唯
北京虎彩文化传播有限公司印刷
2020 年 6 月第 1 版，2023 年 7 月第 2 次印刷
787mm×1092mm 1/16；14 印张；335 千字；209 页
定价 **39. 90 元**

投稿电话 (010)64027932 投稿信箱 tougao@cnmip. com. cn
营销中心电话 (010)64044283
冶金工业出版社天猫旗舰店 yjgycbs. tmall. com
(本书如有印装质量问题，本社营销中心负责退换)

# 前　言

计算机算法是研究设计计算机解决问题的方法，是程序设计的灵魂，是计算机科学的基石。算法设计与分析是计算机相关专业的核心课程之一，对培养学生思维起着重要的作用。

本书针对初学者的特点，选用经典的例题或竞赛试题作为实例讲解，从问题描述开始，对算法思想、框架使用、参数设置、程序实现、测试和分析进行了详细的介绍，符合读者的认知规律，所有问题都给出了 C/C++ 语言的算法实现，并在 VC6.0++ 环境下调试通过。为了开阔思维，本书对许多问题给出了多种解法，并进行了对比。

本书按照计算机应用人才的培养目标编写，具体结构安排为：第 1 章是算法概述，主要介绍了算法的基本概念、算法的描述方法、算法设计方法、设计步骤、算法评价，并通过一个简单实例介绍算法设计与分析的方法。第 2 章~第 8 章介绍了枚举、递推、递归、贪心法、回溯、动态规划和模拟算法，对每一种算法，通过几个实例讲解算法的实施步骤。第 9 章算法的综合应用，主要介绍了时间、树、图等问题的求解。

为了方便读者学习，加深对知识的理解，本书每章提供了习题、习题答案、源代码和电子课件，读者可扫描书中二维码免费查看，并在附录中提供了部分习题的求解要点。通过学习本书，读者可以掌握算法设计的思想、分析方法，能够设计实现算法。

本书的具体编写分工为：第 1 章、第 2 章、第 7 章~第 9 章由刘汉英编写，第 3 章由邓昀编写，第 4 章、第 6 章由陈基漓编写，第 5 章由董明刚编写。全书由刘汉英统稿。

本书的出版得到了桂林理工大学出版基金资助，在此表示衷心的感谢。在本书的编写过程中，参考了国内外有关教材及资料，在此向有关作者表示衷心的感谢。

由于编者水平所限，书中不妥之处，恳请读者批评指正，联系方法：2007056@ glut. edu. cn。读者也可加入计算机算法交流群（QQ 群号：604168563）参与讨论。

作 者
2019 年 12 月于桂林

免费在线查看
本书数字资源

免费下载
本书数字资源

# 目　　录

算法概述

## 1.1 算法的基本概念

### 1.1.1 算法定义

算法是解题方案准确而完整的描述,是一系列解决问题的清晰指令。

算法对于一定规范的输入,在有限的时间内能获得所要求的结果。

### 1.1.2 算法的要素

#### 1.1.2.1 数据对象的运算和操作

在计算机系统中,基本的运算和操作有以下四类:

(1) 算术运算,包括加、减、乘、除等;

(2) 逻辑运算,包括与、或、非等;

(3) 关系运算,包括等于、不等于、大于、小于、大于等于、小于等于等;

(4) 数据传输,包括输入、输出、赋值等。

#### 1.1.2.2 算法的控制结构

算法中各操作之间的执行顺序称为算法的控制结构,有三种基本控制结构:

(1) 顺序结构。各运算和操作按先后顺序执行。

(2) 选择结构(分支结构)。根据条件选择相应的运算或操作执行,放弃另一部分运算或操作的执行。

(3) 循环结构。有规律的重复计算处理,根据循环判定条件对一组运算或操作重复执行多次。

有关控制结构的知识,本书不作详细叙述,请参看参考文献 [1]。

#### 1.1.2.3 数据结构

算法处理的对象是数据。数据之间的逻辑关系、数据的存储方式与处理方式是数据结构。

在 Visual C++下运行以下程序:

```
1   #include <stdio. h>              //c1_1_1
2   void main( )
3   {
4      int a = 10000000000000;
5      int b = 1;
6      printf( "%d\n", a+b);
7   }
```

程序运行结果是 1316134913,并不正确。原因是变量 a 的值超出了取值范围。将程序修改为:

```
1   #include <stdio. h>                    //c1_1_2
2   void main( )
3   {
4     __int64 a = 10000000000000;
5     int b = 1;
6     printf( "%I64d\n", a+b);
7   }
```

将变量 a 改为有符号 64 位整数数据类型，可以获得正确的结果。

一个算法需要在某个特定的计算工具上执行，算法的执行受到计算工具的限制，数据需选择合理的存储方式。

### 1.1.3　算法的特征

一个算法，应该具有以下五个基本特征。

（1）有穷性。算法必须在执行有限个步骤之后终止，不能终止的过程不是算法。

在数学中，圆周率 π 可以用式（1-1）计算，当 n→∞ 时为 π 的值，这不是计算机算法。算法和计算公式是有差别的，在设计一个算法时，根据精度只取有限项。

$$\pi = 4\left(1 - \frac{1}{3} + \frac{1}{5} - \cdots + \frac{(-1)^{n+1}}{2n-1} \cdots\right) \tag{1-1}$$

算法要在有限的时间内完成，超过了有限的时间将是没有意义的。

（2）确定性。算法的每一个步骤都有确切的定义，不允许抽象、含糊、模棱两可。在任何情况下，算法只有唯一的执行路径，对相同的输入只能得出相同的输出。不能让计算机执行"将 a 加上 b 或 c"之类的操作。

（3）可行性。算法的每一个步骤都可以分解为基本的可执行的操作步骤。在算法中不能出现"除以 0"之类的运算。

（4）输入项。一个算法有 0 个或多个输入，0 个输入是算法自身进行了初始化。算法的执行结果往往与初始数据有关，不同的输入会有不同的输出结果，输入规模是指输入量的多少。

（5）输出项。一个算法有一个或多个输出，可以是屏幕输出，也可以是打印输出等。没有输出的算法是没有意义的。

# 1.2　算法的描述方法

描述算法可以有多种方法。

### 1.2.1　自然语言

自然语言是人们日常生活中使用的语言。用自然语言描述的算法通俗易懂，但容易产生歧义，当算法中循环和分支较多时，很难清晰地表示出来。

### 1.2.2　流程图

流程图是用一些图框表示各种操作。用图形表示算法，直观形象、易于理解。但流程图对流程线的使用没有严格限制，设计者可以不受限制地使流程随意地转来转去，使阅读者很难理解算法的逻辑。

### 1.2.3 盒图

盒图将全部算法写在一个矩形框内，适于结构化程序设计，比文字描述直观、形象、易于理解，但是盒图不易扩充，不易于描述大型复杂的算法。

### 1.2.4 问题分析图（PAD 图）

PAD 图表示的算法是一个二维树形结构图，层次感强、嵌套明确，有清晰的控制流程，但其录入不方便。

### 1.2.5 伪代码

伪代码是用介于自然语言和计算机语言之间的文字和符号来描述算法的一种工具，不用图形符号，书写方便、格式紧凑、易于理解，但读者不易调试验证算法。

### 1.2.6 计算机语言

用计算机语言表示的算法是计算机能够执行的算法，即程序。本书采用 C/C++语言描述算法。C/C++语言功能丰富、表达能力强、使用灵活方便、应用面广，既能描述算法所处理的数据结构，又能描述算法过程，是大学阶段学习计算机程序设计的首选语言。

有关各种描述方法的使用，本书不作详细叙述，请参看参考文献 ［1］ 和 ［2］。

## 1.3 常用算法

计算机算法是对计算机上执行的计算过程的具体描述，以下介绍工程上常用的几种算法设计方法，在实际应用时，各种方法之间往往存在一定的联系。

### 1.3.1 枚举

枚举，又称为穷举法、蛮力法、列举法，其基本思想是，根据提出的问题遍历所有可能的情况，用问题中给定的条件检查哪些是需要的，哪些是不需要的。枚举常用于解决"是否存在""有多少可能"等类型的问题。

枚举的特点是算法比较简单，但当枚举的可能情况较多时，执行算法的工作量将会很大。

枚举是计算机算法中的一个基本算法，常与其他算法联合使用。

### 1.3.2 递推

递推是从已知的初始条件出发，逐步推出中间结果和最后结果，一般初始条件由问题本身给定或通过对问题的分析确定，递推关系式通过对问题的分析与归纳得到。

递推算法常用在数值计算中。

### 1.3.3  递归

递归是直接或间接地调用自己，分为直接递归和间接递归两种。工程实际中的许多问题和数学中的许多函数是用递归来定义的。

有些问题，既可以使用递推算法，也可以使用递归算法来实现；递归算法比递推算法清晰易读、结构简练；设计递归算法比设计递推算法容易，但递归算法的执行效率比较低。

### 1.3.4  贪心法

贪心法，又称贪婪算法，通过一系列的选择来构造问题的解，每一步都是对当前部分解的一个扩展，直到获得问题的完整解。

贪心法的每一个决策的选择都是最佳的，但这种启发式策略并不总能产生最优解，是一种着眼于局部的简单而适应范围有限的策略。

### 1.3.5  回溯

通过对问题的分析，找出一个解决问题的线索，沿着这个线索试探。若试探成功，得到问题的解，若试探失败，则逐步回退，换别的路线再试探。回溯法有递归回溯和迭代回溯，适用于问题规模较大、候选解比较多的问题求解。

### 1.3.6  动态规划

动态规划将待求解问题分解成若干个相互联系的阶段，在每一个阶段做出决策，形成决策序列。动态规划主要用于求解多阶段决策最优化问题。

动态规划算法设计比较复杂，常与递推或递归联合起来使用。

### 1.3.7  模拟

在自然界和日常生活中，有些问题很难建立确切的数学模型，可以试用模拟进行探索求解，计算机模拟分为决定性模拟和随机模拟。

以上简要介绍了几种常用算法，具体的设计过程请参看后面具体章节。

# 1.4  算法设计方法

### 1.4.1  面向对象方法

面向对象方法引入了对象、消息、继承、封装、抽象、多态性等机制。

在面向对象方法中，对象具有与现实世界的某种对应关系，可以利用这种关系对问题进行分析。

### 1.4.2  结构化方法

面向对象方法在 20 世纪 80 年代已经得到了很大的发展，在计算机科学、信息科学、系统科学和产业界得到了有效的应用，显示出其强大的生命力，但在面向对象设计方法中仍要用到面向过程的知识，面向过程的程序设计通常由结构化程序设计实现。本书采用结构化设计方法。任何简单的或复杂的算法都可以由顺序、选择、循环三种结构组合而成，这三种结构是结构化程序设计必须采用的结构。

结构化方法的要点是：自顶向下、逐步求精、模块化设计、结构化编码。

自顶向下是从问题的全局出发，把一个复杂的问题分解成若干个子问题，然后对每个子问题再进行分解，直到每一个子问题都容易解决为止。

逐步求精是用模块描述子问题，再把每个模块的功能逐步分解细化为一系列具体步骤，直到能用某个基本控制语句实现。

模块化是把大程序按功能划分为若干个小程序，由一个主控模块和若干个子模块组成，子模块可以再继续划分。在 C 语言中，主控模块是主函数，子模块是子函数，子函数也可以调用子函数。

结构化编码是将设计好的算法用计算机语言表示，编译运行。

结构化设计方法的设计原则是：使每个模块尽可能只执行一个功能，每个模块用过程语句调用其他模块，模块间传送的参数作数据用，模块间共用的信息尽量少。

# 1.5  算法设计步骤

算法是一系列解决问题的步骤的集合，在设计算法时，一般要经历以下过程。

## 1.5.1  分析并建立数学模型

对于一个待求解的问题，首先要准确地理解问题，这是算法设计的关键，注意以下问题：

（1）问题所用术语的准确定义；

（2）列出已知（隐含）信息、条件，输入是什么；

（3）问题要求得到的结果、输出是什么，精度要求是什么；

（4）求解结果所需要的中间结果；

（5）建立模型，确定输入与输出的关系，探索由输入和已知条件得到结果所需要的计算步骤；

（6）设计测试用例，既包括合理的输入，也包括不合理的输入。

## 1.5.2  算法设计

（1）选择合适的数据组织形式。选择数据的存储方式，确定问题中的信息、结果等用什么方式存储（简单变量、数组、链表、树、图），需要多少数组，规模多大，不同的数据结构将导致差异很大的算法。

（2）选择算法。考虑学过的方法是否可以借鉴，什么算法适合于此问题。

（3）描述算法。将设计的求解步骤记录下来，即描述算法。

（4）确定算法的正确性。用一个具体的输入实例手工执行算法，即跟踪算法，发现算法中的逻辑错误。

### 1.5.3　实现算法、程序测试及调试

用计算机语言实现算法，用测试用例测试及调试程序。

### 1.5.4　分析算法

研究算法的特性和好坏，分析算法效率，估算算法所需的内存空间和运行时间，比较同一类问题的不同算法。

### 1.5.5　结果整理和文档编制

整理算法设计结果，编制文档。编制文档的目的是让其他人理解编写的程序代码，用注释的方法在代码中标明一些信息，记录算法的流程图、程序测试用例、结果等。

## 1.6　对算法的评价

一个问题可以用不同的算法解决，算法的质量优劣有以下几个质量指标：

（1）正确性。算法的正确性是评价一个算法优劣的最重要标准。算法对一切合法的输入数据应该能得到满足要求的结果。

（2）可读性。算法的可读性即可理解性，是一个算法可供阅读的容易程度。算法主要是给人们阅读和交流的，应该易于理解；难懂的算法易于隐藏错误且难于调试和修改。

（3）健壮性。算法的健壮性又称为容错性、稳健性、鲁棒性，是指一个算法对不合理数据输入的反应和处理能力。算法应该充分考虑可能的异常情况，返回一个错误表示或提示。

（4）时间复杂度。算法的时间复杂度是执行算法所需要的计算工作量，具体分析方法见 1.7 节。

（5）空间复杂度。算法的空间复杂度是指算法需要消耗的存储空间，具体分析方法见 1.7 节。

## 1.7　算法的复杂度分析

算法的复杂度有时间复杂度和空间复杂度，算法分析是对算法执行时间和所需要空间的估算，定量地给出运行算法所需的时间数量级和空间数量级。

通常可以利用实验对比和数学方法来分析算法。

（1）实验对比是在相同的环境下，比较能解决同一问题的算法哪个速度更快，哪个性能更优。实验对比必须在算法实现后才能进行。

（2）数学方法是在逻辑推理的基础上判断算法的优劣。通常用渐近分析的方法来分析算法的时间性能。渐近分析是忽略具体机器、编程语言和编译器的影响，只关注在输入规模增大时，算法运行时间的增长趋势。渐近分析可以降低算法分析的难度，从数量级的角度评价算法的效率。

## 1.7.1 算法设计及分析可能用到的数学公式

(1) $1+2+3+\cdots+n=\dfrac{n(n+1)}{2}$

(2) $1^2+2^2+3^2+\cdots+n^2=\dfrac{n(n+1)(2n+1)}{6}$

(3) $1^3+2^3+3^3+\cdots+n^3=\dfrac{n^2(n+1)^2}{4}$

(4) $1+a+a^2+a^3+\cdots+a^n=\dfrac{a^{n+1}-1}{a-1}$

(5) $1\times2+2\times2^2+3\times2^3+\cdots+n\times2^n=(n-1)2^{n+1}+2$

(6) $\left(1-\dfrac{1}{2^2}\right)\left(1-\dfrac{1}{3^2}\right)\left(1-\dfrac{1}{4^2}\right)\cdots\left(1-\dfrac{1}{n^2}\right)=\dfrac{n+1}{2n}$

(7) $\log1+\log2+\log3+\cdots+\log n\approx n\log n$

以上公式的推导本书不作详细叙述，请参看相关书籍。

## 1.7.2 时间复杂度分析

算法的时间复杂度是算法执行需要的时间，即时间耗费。算法的核心和灵魂是效率，即解决问题的速度。

### 1.7.2.1 运算执行频数

一个算法的运行时间等于其所有语句执行时间的总和。语句的执行时间是指该条语句的执行频数和执行一次所需时间的乘积。语句执行一次所需的时间与机器的软、硬件环境密切相关，与算法设计的好坏无关。因此算法分析是针对算法中语句的执行频数做估计，即估计语句在算法中重复执行的次数。

试分析下面程序段的执行频数：

```
(1) j++;
    i++;
(2) for(i=1;i<=n;i++)                //以下打印输出
    {
        for(j=1;j<=n-i+1;j++)
        {
            printf("%4d", a[i][j]);
        }
        printf("\n");
    }
```

在程序段（1）中，2个语句各执行了1次，共执行2次。

在程序段（2）中，外层循环 i=1 执行1次，i<=n 执行 n+1 次，i++、j=1 和 printf（"\n"）各执行 n 次，共 4n+2 次；

内层循环：i=1 时 j<=n-i+1 执行了 n-i+2 次，j++ 和 printf("%4d", a[i][j]) 各执行 n-i+1 次，共 3n-3i+4=3n+1 次；

i=2 时，执行 3n-3i+4=3n-2 次；

$\vdots$

i 从 1~n，共执行 $\displaystyle\sum_{i=1}^{n}(3n-3i+4)=3n^2-3(1+2+\cdots+n)+4n=3n^2-\frac{3(n+1)n}{2}+4n=\frac{3}{2}n^2+$

$\dfrac{5}{2}n$ 次；

所以整个程序段执行了 $(4n+2)+\dfrac{3}{2}n^2+\dfrac{5}{2}n=\dfrac{3}{2}n^2+\dfrac{13}{2}n+2$ 次。

### 1.7.2.2  算法时间复杂度定义

算法时间复杂度是算法的执行频数的数量级。算法中语句的执行频数 $f(n)$ 是问题规模 n 的函数。

**定义**：对于一个数量级为 $f(n)$ 的算法，如果存在两个正常数 c 和 m，对所有的 $n \geqslant m$，有 $|f(n)| \leqslant c|g(n)|$，则记 $f(n)=O(g(n))$，即时间复杂度为 $O(g(n))$。

在程序段（1）中，$f(n)=2$，取 $g(n)=1$，$c=3$，算法与 n 无关，满足 $|f(n)| \leqslant 3 \times |1|=3$，所以时间复杂度为 $O(1)$，称之为常数阶。

在程序段（2）中，$f(n)=\dfrac{3}{2}n^2+\dfrac{13}{2}n+2=\dfrac{3}{2}\left(n+\dfrac{13}{6}\right)^2-\dfrac{121}{24}$，在 $n=-\dfrac{13}{6}$ 时取极小值，$n>-\dfrac{13}{6}$ 单调递增。$\dfrac{3}{2}n^2+\dfrac{13}{2}n+2 \leqslant cn^2$，取 $g(n)=n^2$，$c=2$（取大于 $\dfrac{3}{2}$ 的整数，系数越大，二次函数的值增加得越快），当 $n \geqslant 14$ 时，$\left|\dfrac{3}{2}n^2+\dfrac{13}{2}n+2\right| \leqslant 2|n^2|$，所以时间复杂度为 $O(n^2)$，称之为平方阶。

### 1.7.2.3  常用的时间复杂度

常用的时间复杂度有以下几种：

（1）多项式算法。常数阶 $O(1)$，对数阶 $O(\log n)$，线性阶 $O(n)$，平方阶 $O(n^2)$，立方阶 $O(n^3)$。

（2）指数阶算法。指数阶 $O(2^n)$，阶乘阶 $O(n!)$，$O(n^n)$。

表 1-1 是常用的时间复杂度，按从小到大递增排列（当 n 充分大时）。

表 1-1  常用的时间复杂度

| n | $O(1)$ | $O(\log n)$ | $O(n)$ | $O(n\log n)$ | $O(n^2)$ | $O(n^3)$ | $O(2^n)$ | $O(n!)$ | $O(n^n)$ |
|---|---|---|---|---|---|---|---|---|---|
| 1 | 1 | 0 | 1 | 0 | 1 | 1 | 2 | 1 | 1 |
| 2 | 1 | 1 | 2 | 2 | 4 | 8 | 4 | 2 | 4 |
| 4 | 1 | 2 | 4 | 8 | 16 | 64 | 16 | 24 | 256 |
| 8 | 1 | 3 | 8 | 24 | 64 | 512 | 256 | 40320 | 16777216 |
| 16 | 1 | 4 | 16 | 64 | 256 | 4096 | 65536 | $2.09 \times 10^{13}$ | $1.84 \times 10^{19}$ |
| 32 | 1 | 5 | 32 | 160 | 1024 | 32768 | $4.29 \times 10^9$ | $2.63 \times 10^{35}$ | $1.46 \times 10^{48}$ |

由表 1-1 可知，算法规模 n 相同，不同算法所需的时间会有很大区别，随着 n 的增大，常数阶不变，对数阶增加较慢，而右边三种算法增长很快，常常将它们称为"指数增

长函数",只有当 n 很小时才有意义,当 n 较大时,不可能实现。因此,设计算法时应该选择使用多项式算法,避免使用指数阶的算法。

#### 1.7.2.4 符号 O 的运算规则

时间复杂度运算,有以下运算规则(证明略):

(1) $O(f)+O(g)=O(\max(f,g))$。

(2) $O(f)O(g)=O(fg)$。

(3) $O(f)+O(g)=O(f+g)$。

(4) 如果 $g(n)=O(f(n))$,则 $O(f)+O(g)=O(f)$。

(5) $O(cf(n))=O(f(n))$,其中 c 是一个正的常数。

(6) $f=O(f)$。

(7) 如果 $f(n)=a_m n^m+a_{m-1}n^{m-1}+\cdots+a_1 n+a_0$ 是 n 的 m 次多项式,$a_m>0$,则 $f(n)=O(n^m)$。

在估算算法的时间复杂度时,为简化分析,以后只分析最内层循环语句的执行频数,不再细致计算各循环设置语句及其他语句的执行频数,这样简化处理不影响算法的时间复杂度。

当有多个循环语句时,则分别分析最内层循环语句的执行频数,再按运算规则计算。

在程序段(2)中,只分析内循环语句 printf("%4d", a[i][j])的执行频数:i=1 时执行了 n−i+1=n 次;i=2 时执行了 n−i+1=n−1 次,…,i=n 时执行了 n−i+1=1 次,因此共执行了 $1+2+\cdots+n=\dfrac{(n+1)n}{2}=\dfrac{1}{2}n^2+\dfrac{1}{2}n$,算法的复杂度为 $O(n^2)$。

#### 1.7.2.5 算法的平均情况分析

算法运行的时间,与问题的规模有关,还与输入的数据有关。通常只对算法进行平均情况分析。

例如,搜索数组中的某个数:

```
1   for(i=1;i<=n;i++)
2     if(a[i]==3)
3     {
4       printf("%d",a[i]);
5       break;
6     }
```

分析最内层循环条件语句的执行频数,最好的情况是 1,最坏的情况是 n,按平均情况来分析是 $\dfrac{1}{2}n+\dfrac{1}{2}$,其时间复杂度为 $O(n)$。

#### 1.7.2.6 递归过程算法时间复杂度分析

已知递归算法的递归关系如下,求时间复杂度。

```
(1)  int fact(int n)
     {
         if(n==0)
             return 1;
         else
             return n * fact(n-1);
     }
```

(2) void hanoi(int n,char from,char to,char temp)
```
{
    if(n==1)
        printf("%c-->%c\n",from,to);
    else
    {
        hanoi(n-1,from,temp,to);
        printf("%c-->%c\n",from,to);
        hanoi(n-1,temp,to,from);
    }
}
```

算法(1)中 fact(n)的执行频数 f(n)是 fact(n-1)的执行频数 f(n-1)加上一次乘法，所以 $f(n)=f(n-1)+1$，$n=0$ 时，不需要乘法操作，$f(0)=0$。

$$f(n)=f(n-1)+1$$
$$=f(n-2)+1+1=f(n-2)+2$$
$$=f(n-3)+1+2=f(n-3)+3$$
$$=\cdots$$
$$=f(n-n)+n=n$$

所以算法 (1) 的算法复杂度为 $O(n)$。

算法 (2) hanoi(n, from, to, temp)的执行频数 f(n)是 hanoi(n-1, from, temp, to) 和 hanoi(n-1, temp, to, from)的执行频数 f(n-1)加上一次打印，hanoi(n-1, from, temp, to)和 hanoi(n-1, temp, to, from)的执行频数都是 f(n-1)，所以 $f(n)=2f(n-1)+1$，$n=1$ 时，$f(1)=1$。

$$f(n)=2f(n-1)+1$$
$$=2(2f(n-2)+1)+1=2^2f(n-2)+2+1$$
$$=2^2(2(f(n-3)+1))+2+1=2^3f(n-3)+2^2+2+1$$
$$=\cdots$$
$$=2^{n-1}f(n-(n-1))+2^{n-2}+\cdots+2^2+2+1=2^{n-1}f(1)+2^{n-2}+\cdots+2^2+2+1$$
$$=2^n-1$$

所以算法(2)的算法复杂度为 $O(2^n)$。

### 1.7.3   空间复杂度分析

算法的空间复杂度是指算法运行时所占用的存储空间。通常用算法设置的变量（数组）所占内存单元的数量级来定义算法的空间复杂度，方法与时间复杂度分析相同。分析以下算法：

(1) int i, j;
(2) #define N100
  int a[N];
(3) #define N100
  int a[N][3*N];

算法(1)设置了 2 个简单变量，占用了 2 个内存单元，其空间复杂度为 $O(1)$。

算法(2)设置了 1 个一维数组，占用了 N 个内存单元，其空间复杂度为 $O(N)$。

算法(3)设置了 1 个二维数组, 占用了 $3N^2$ 个内存单元, 其空间复杂度为 $O(N^2)$。

算法的分析关注当输入量很大, 趋向无穷的时候, 算法的时间复杂度 (空间复杂度) 是如何增长的。算法的时间复杂度和空间复杂度往往是矛盾的, 即算法执行时间上的节省往往是以增加空间存储为代价。一般以算法执行时间作为算法优劣的主要衡量指标。

## 1.8　STL 中的算法函数

标准模板库 STL 是 standard template library 的简称, 在 C++标准中, STL 被组织为下面的 13 个头文件: <algorithm>、<deque>、<functional>、<iterator>、<vector>、<list>、<map>、<memory>、<numeric>、<queue>、<set>、<stack>和<utility>。STL 包含文件均不含扩展名, 其源文件位置一般是在编译器 VC 安装目录的 include 内。

STL 提供了大量实现算法的模板函数, 熟悉 STL, 许多代码可以被大大简化, 只需要通过调用一两个算法模板, 就可以完成所需的功能并大大提高效率。算法部分主要由头文件<algorithm>、<numeric>和<functional>组成。<algorithm>是所有 STL 头文件中最大的一个, 由大量模板函数组成的, 常用的功能范围涉及比较、交换、查找、遍历操作、复制、修改、移除、反转、排序、合并等; <numeric>体积很小, 只包括几个在序列上面进行简单数学运算的模板函数, 包括加法和乘法在序列上的一些操作; <functional>中定义了一些模板类, 用来声明函数对象。以下通过实例介绍几个常用的算法函数。

### 1.8.1　sort

sort 是 STL 库中的排序函数, 以升序重新排列指定范围内的元素, 其时间复杂度为 $O(nlogn)$。

sort 函数原型如下:

```
template <class RandomAccessIterator>
    void sort ( RandomAccessIterator first, RandomAccessIterator last );
template <class RandomAccessIterator, class Compare>
    void sort ( RandomAccessIterator first, RandomAccessIterator last, Compare comp);
```

原型中 RandomAccessIterator 是可写的随机迭代器, 只能用于 vector、string、deque 三种容器, 不能在 set、list、map 中使用。first 和 last 分别表示起始地址和终止地址, [first, last), 如 sort(a, a+n)表示对 a[0]、a[1]、a[2]…a[n-1] 排序:

```
1   #include <algorithm>          //c1_8_1
2   #define N 100
3   using namespace std;
4   void main( )
5   {
6     int n, i, a[N];
7     scanf("%d", &n);            //输入有多少个数
8     for( i = 1;i <= n;i++)
9       scanf("%d", &a[i]);        //输入这个数列
10    sort(a+1, a+n+1);           //对 a[1] a[2] a[3]…a[n] 排序
11    for(i=1;i<=n;i++)
12      printf("%d", a[i]);        //输出
13  }
```

程序第 10 行实现对数组 a 的排序。默认是升序的，若要实现降序，使用第二种形式：

```
1  #include <algorithm>            //c1_8_2
2  #define N 100
3  using namespace std;
4  bool comp(int a, int b)
5  {
6    return a > b;
7  }
8  void main()
9  {
10   int n, i, a[N];
11   scanf("%d", &n);              //输入有多少个数
12   for(i=1;i<=n;i++)
13     scanf("%d", &a[i]);         //输入这个数列
14   sort(a+1, a+n+1, comp);       //对 a[1] a[2] a[3]…a[n] 排序
15   for(i=1;i<=n;i++)
16     printf("%d", a[i]);         //输出
17 }
```

程序第 4~7 行是比较子函数 comp，a>b 时为 true，不交换，a<b 时为 false，交换。第 14 行调用 sort(a+1, a+n+1, comp)，对数组降序排序。

以下程序对结构体进行排序：

```
1  #include <algorithm>            //c1_8_3
2  #define N 100
3  using namespace std;
4  struct Node
5  {
6    int x, y;
7  }p[N];
8  bool comp(Node a, Node b)
9  {
10   if(a.x!=b.x)
11     return a.x > b.x;           //如果 a.x≠b.x,就按 x 从大到小排
12   return a.y<b.y;               //如果 a.x=b.x, 按 y 从小到大排
13 }
14 void main()
15 {
16   int n, i;
17   scanf("%d", &n);
18   for(i=1;i<=n;i++)
19     scanf("%d%d", &p[i].x, &p[i].y);
20   sort(p+1, p+n+1, comp);
21   printf("----------------------\n");
22   for(i=1;i <= n;i++)
23     printf("%d %d\n", p[i].x, p[i].y);
24 }
```

程序第 8~13 行是比较子函数 comp，a.x≠b.x 时，按 x 从大到小排；如果 a.x=b.x，按 y 从小到大排。第 20 行调用 sort(p+1, p+n+1, comp)，对结构体排序。

## 1.8.2 next_permutation

排列（Arrangement），简单讲是从 n 个不同元素中取出 m 个，按照一定顺序排成一列，

通常用 A(m, n)表示。当 m=n 时，称为全排列（Permutation）。从数学角度讲，全排列 A(n, n)的个数为 n(n-1)·····2·1=n！。对于一个集合 A={1, 2, 3}，首先获取全排列 a1：1, 2, 3；然后获取下一个排列 a2：1, 3, 2，按此顺序，A 的全排列如下：

a1：1, 2, 3;       a2：1, 3, 2;       a3：2, 1, 3;

a4：2, 3, 1;       a5：3, 1, 2;       a6：3, 2, 1；共 6 种。

next_permutation 是 STL 库中的排列组合函数，取出当前范围内的排列，并重新排序为下一个排列。

next_permutation 函数原型如下：

template<class BidirectionalIterator>

    bool next_permutation（BidirectionalIterator first，BidirectionalIterator last）;

template<class BidirectionalIterator, class BinaryPredicate>

    bool next_permutation（BidirectionalIterator first，BidirectionalIterator last，BinaryPredicate comp）;

first 和 last 分别表示起始地址和终止地址，［first，last），调用使数组元素逐次增大，按字典序；若当前调用排列到达最大字典序，如 dcba，就返回 false，同时重新设置该排列为最小字典序；返回为 true 表示生成下一排列成功。以下程序输出 1、2、3 的全排列。

```
1   #include <algorithm>          //c1_8_4
2   #include <iostream>
3   using namespace std;
4   void main( )
5   {
6     int a[ ] = {1, 3, 2};
7     sort(a, a+3);
8     do{
9       cout << a[0] <<" "<< a[1] <<" "<< a[2] << endl;
10    } while (next_permutation(a, a+3));
11  }
```

程序第 10 行函数 next_permutation(a, a+3) 是对数组 a 中的前 3 个元素进行全排列。需要强调的是：next_permutation 在使用前需要对欲排列数组按升序排序，否则只能找出该序列之后的全排列数，因此本程序在第 7 行需先对数组 a 排序。

prev_permutation 提供降序全排列，实现方法类似。

更多算法函数的使用方法请参看 STL 参考手册。

# 1.9　算法设计与分析实例

本节按照 1.5 节算法设计步骤，通过实例的设计求解，说明算法设计与分析方法。

### 1.9.1　问题描述

求第 no 个素数（第 1 个素数是 2，1≤no≤100002）。

### 1.9.2　分析并建立数学模型

（1）术语：素数又称为质数，是一个大于 1 的自然数，除了 1 和它自身外，不能被其他自然数整除，比如 7 和 11。9 不是素数，因为它能被 3 整除。最小的素数是 2，接着是 3，5，…。

（2）输入：no 1≤no≤100002。

（3）输出：第 no 个素数 n。

（4）中间结果：前面 no−1 个素数。

（5）模型：按照素数定义，检查其是否能被 1 到 n−1 整除。

（6）测试用例见表 1-2。

表 1-2　测试用例（最后一个用例是实现后算出来的）

| 输入 | 1 | 2 | 3 | 4 | 5 | 6 | 7 | … | 100002 |
|---|---|---|---|---|---|---|---|---|---|
| 输出 | 2 | 3 | 5 | 7 | 11 | 13 | 17 | | 1299743 |

### 1.9.3　算法设计

（1）数据组织形式：变量 n_prime：记录素数个数；

　　　　　　　　　　变量 n：整数。

基本整型 int 取值范围：$-2^{31} \sim 2^{31}-1$，要是越界，改用 64 位整数数据类型__int64。

（2）算法：枚举。

（3）描述算法：枚举区间：n：3～∞，步长为 2(3 以后的偶数不是素数)。

　　　　　　　　　　除数 i：2～n−1，步长为 1。

　　　　　　约束条件：是素数，且是第 no 个。

### 1.9.4　程序实现

```
1   #include <stdio. h>              //c1_9_1
2   #include<time. h>
3   int judge( int n)                //判断 n 是否是素数
4   {
5     int i;
6     for( i = 2 ; i < n ; i++)        //从 2 到 n-1 检查
7       if( n%i = = 0)
8         return 0;                  //能整除不是素数
9     return 1;
10  }
11  void main( )
12  {
13    int startTime, endTime;        //记开始时间, 结束时间
14    int no, n_prime = 1, n;
15    scanf( "%d", &no) ;
16    startTime = clock( ) ;          //开始时间
17    if( no = = 1)
18    {
19      printf( "2\n") ;              //第 1 个素数是 2
20      return;
21    }
22    for( n = 3 ; 1 ; n = n+2)        //从 3 开始检查,偶数不是素数,不用检查
```

```
23    {
24      if(judge(n))                //判断 n 是不是素数
25      {
26        n_prime++;               //素数个数加 1
27        if(n_prime==no)          //是第 no 个素数吗?
28        {
29          printf("%d\n", n);
30          break;                 //已找到第 no 个素数,结束循环
31        }
32      }
33    }
34    endTime=clock();             //计时结束
35    printf("运行时间:%d ms\n",(endTime-startTime));
36  }
```

程序中用子函数 judge 判断整数 n 是不是素数,主函数第 22~33 行遍历奇数,寻找第 no 个素数,第 24 行调用子函数 judge,第 27 行判断是否是第 no 个素数。

程序中调用的 clock 函数是以毫秒为单位,每过 1ms,调用 clock 函数返回的值就加 1。

### 1.9.5　分析算法

#### 1.9.5.1　时间复杂度分析

本程序在 Intel(R)Core(TM) i3-3220 CPU@ 3.3GHz, 4GB RAM Window7 32 位下运行,寻找第 100002 个素数需要 209056~209399ms。

本程序实际上为两重循环,考虑最内层循环的判断语句 if(n%i==0),最好的情况是 n=3,执行 n-2=1 次,最坏的情况是 n=1299743 时,需要找出 100002 个素数。

对于素数 n=5,执行 n-2=3 次,n=7 执行 5 次;

非素数 n=9,执行 2 次,提前结束。

当是素数时,要执行 (n-1)-2+1=n-2 次;当是非素数时,小于 n-2 次,所以总的执行频数小于 $1+3+5+\cdots+(2n-1) = \dfrac{(1+2n-1)n}{2} = n^2$,按平均情形来分析,其时间复杂度为 $O(n^2)$。

#### 1.9.5.2　空间复杂度

程序设置了简单变量 no、n_prime、n、i、startTime、endTime,复杂度为 O(1)。

### 1.9.6　程序改进及优化

上例中判断素数都是从 2 到 n-1,实际上只用判断 2~$\sqrt{n}$,程序如下:

程序实现:

```
1   #include <stdio.h>              //c1_9_2
2   #include<time.h>
3   #include <math.h>
4   int judge(int n)                //判断是否是素数
5   {
6     int i, m=sqrt(n);
7     for(i=2;i<=m;i++)             //可以只用判断 2~√n
8       if(n%i==0)
```

```
 9         return 0;                       //能整除不是素数
10    return 1;
11  }
12  void main( )
13  {
14    int startTime, endTime;              //记开始时间,结束时间
15    int no, n_prime=1, n;
16    scanf("%d", &no);
17    startTime=clock( );
18    if(no==1)                            //找第一个素数
19    {
20      printf("2\n");                     //第一个素数是2
21      return;
22    }
23    for(n=3;1;n=n+2)                     //从3开始,偶数不用判断
24    {
25      if(judge(n))                       //判断 num 是不是素数
26      { n_prime++;
27        if(n_prime==no)                  //是否是第 no 个素数
28        {
29          printf("%d\n", n);
30          break;                         //已找到第 no 个素数,结束循环
31        }
32      }
33    }
34    endTime=clock( );                    //停止计时
35    printf("运行时间:%d ms\n", (endTime-startTime));
36  }
```

程序主函数没有变化,在子函数 judge 中,第 6~7 行,m=sqrt(n),for(i=2; i<=m; i++),在相同的硬件条件下,寻找第 100002 个素数所需的时间减少为 374~375ms。

考虑最内层循环的判断语句 if(n%i==0),最好的情况是 n=3,执行 0 次,最坏的情况是 n=1299743 时,需要找出 100002 个素数。

n=5,执行 $\lfloor \sqrt{n} \rfloor -2+1=\lfloor \sqrt{n} \rfloor -1=1$ 次,n=7 执行 1 次。

非素数 n=9,执行 2 次,提前结束。

当是素数时,要执行 $\lfloor \sqrt{n} \rfloor -2+1=\lfloor \sqrt{n} \rfloor -1$ 次,非素数小于等于 $\lfloor \sqrt{n} \rfloor -1$ 次,所以总的执行频数小于 $\lfloor \sqrt{3} \rfloor -1+\lfloor \sqrt{5} \rfloor -1+\cdots+\lfloor \sqrt{n} \rfloor -1 < \sqrt{1}+\sqrt{3}+\sqrt{5}+\sqrt{7}+\sqrt{9}+\cdots+\sqrt{n}-\frac{n}{2} < \frac{n\sqrt{n}}{2}-\frac{n}{2}$,

按平均情形来分析,其时间复杂度为 $O(n^{\frac{3}{2}})$。

# 1.10   算法的重要意义

算法是程序设计的基础,是计算的核心和灵魂。

在计算机应用的各个领域中,技术人员需要设计算法、编写程序,使用计算机求解各专业领域中的课题。

有人认为,现在计算机速度这么快,存储空间这么大,算法还重要吗?

虽然计算机的计算能力日新月异，但现在需要处理的数据和信息也在不断增长，因为处理能力和存储能力的不足，科学家不得不把绝大多数没有经过处理的数据舍弃。当前，越来越多的挑战需要靠优秀的算法来解决。研究算法的学者不断增加，算法的重要性在日益增加。

对于同一个问题，有不同的算法，不同算法的效率、求解精度和对计算机资源的需求有很大的差别。

假设解决一个问题有 6 种不同的算法，它们的时间耗费分别是 $\log n$、$n$、$n\log n$、$n^2$、$2^n$、$n!$。新计算机 $C_2$ 的速度是旧计算机 $C_1$ 的速度的 10 倍，执行一条语句所需的时间分别为 $T_2$ 和 $T_1$，则 $T_1 = 10T_2$，在相同时间 $T$ 内，假设旧计算机 $C_1$ 可执行 10000 次，则新计算机 $C_2$ 能执行 100000 次。

如表 1-3 所示，在时间 $T$ 内，旧计算机 $C_1$ 上执行复杂度为 $O(\log n)$ 的算法，可解决规模为 $n_1$ 的问题，$\log n_1 = 10000$，得 $n_1 = 2^{10000}$，同理，执行复杂度为 $O(n)$、$O(n\log n)$、$O(n^2)$、$O(2^n)$、$O(n!)$ 的算法，可以解决的问题规模分别为 10000、1003、100、13、8。

在时间 $T$ 内，新计算机 $C_2$ 上执行复杂度为 $O(\log n)$ 的算法，可解决规模为 $n_2$ 的问题，$\log n_2 = 100000$，得 $n_2 = 2^{100000}$，同理，执行复杂度为 $O(n)$、$O(n\log n)$、$O(n^2)$、$O(2^n)$、$O(n!)$ 的算法，可以解决的问题规模分别为 100000、7741、316、17、9。

表 1-3 可解规模的关系

| $T(n)$ | $\log n$ | $n$ | $n\log n$ | $n^2$ | $2^n$ | $n!$ |
|---|---|---|---|---|---|---|
| $n_1$ | $2^{10000}$ | 10000 | 1003 | 100 | 13 | 8 |
| $n_2$ | $2^{100000}$ | 100000 | 7741 | 316 | 17 | 9 |
| $n_1$、$n_2$ 的关系 | $n_2 = n_1{}^{10}$ | $n_2 = 10n_1$ | $n_2 < 10n_1$ | $n_2 \approx 3.16n_1$ | $n_2 \approx 3+n_1$ | $n_2 \approx n_1$ |

由表 1-3 可知：

(1) 线性算法 $O(n)$，$T_1 n_1 = T_2 n_2$，$n_2 / n_1 = T_1 / T_2 = 10$，$n_2 = 10n_1$，可解问题规模增长为原来的 10 倍，等于新旧机器运行速度的倍数。

(2) 对数算法 $O(\log n)$，$T_1 \log n_1 = T_2 \log n_2$，$\log n_2 / \log n_1 = T_1 / T_2 = 10$，$n_2 = n_1^{10}$，可解问题规模增长明显。

(3) 时间耗费为 $n\log n$ 的算法，$T_1 n_1 \log n_1 = T_2 n_2 \log n_2$，$n_2 \log n_2 / (n_1 \log n_1) = T_1 / T_2 = 10$，$n_2 < 10n_1$。

(4) 时间耗费为 $n^2$ 的算法，$T_1 n_1{}^2 = T_2 n_2{}^2$，$(n_2 / n_1)^2 = T_1 / T_2 = 10$，$n_2 \approx 3.16n_1$。

(5) 时间耗费为 $n\log n$ 和 $n^2$ 的算法，可解规模的增长比线性算法增长的倍数小，时间耗费高的算法从机器升级中得益少。

(6) 时间耗费为 $2^n$ 的算法，$T_1 2^{n_1} = T_2 2^{n_2}$，$2^{n_2 - n_1} = T_1 / T_2 = 10$，$n_2 \approx 3 + n_1$，新机器的可解规模仅增加一个常数 3。

(7) 时间耗费为 $n!$ 的算法，$T_1 n_1! = T_2 n_2!$，$n_2! / n_1! = T_1 / T_2 = 10$，当 $n_1 = 9$ 时，$10!/9! = 10$，$n_2 \approx n_1$。可解问题规模基本没变。

因此，当问题规模较大时，最好考虑用一个时间耗费较低的算法，而不是去换一台新机器。

## 1.11 小 结

本章主要介绍了算法的基本概念、描述方法、设计步骤、评价标准、复杂度分析，并给出了一个算法设计与分析实例。通过本章学习，理解算法的基本概念，学会设计简单算法，分析算法。

## 1.12 习题 1

（1）选择题：

1）下列函数关系随着输入增大最快的是（　　　）。

A. $\log_2 n$             B. $n^3$             C. $2^n$             D. $n!$

2）下列不是描述算法的工具的是（　　　）。

A. 数据流图         B. PAD 图         C. 自然语言         D. 程序语言

（2）问答题：

1）什么是算法，算法有哪些特征？

2）常用算法有哪些？

（3）计算题：

求出以下程序段所代表的算法的时间复杂度。

```
for (i=1;i<=n;i++)
  for(j=1;j<=m;j++)
    s=s+1;
```

# 2 枚 举

扫一扫免费获取
代码及课件

## 2.1 枚举概述

枚举法，又称为穷举法、蛮力法，所依赖的基本技术是遍历，是将问题所有的情况都罗列出来尝试，根据约束条件找出问题的解。

枚举法是一种最常用的程序设计方法，许多实际问题都可以通过枚举法求解。当今，计算机的运算速度非常快，虽说枚举法的计算次数较多，但只要问题的规模明确，枚举法还是能求出问题的解。枚举法常常用于解决较小规模的问题。

枚举法设计思路简单、直观，关键是要做到不重复、不遗漏每一种情况。

本章首先介绍枚举的框架和实施步骤，然后通过几个实例说明枚举法的设计和分析方法，最后进行小结。

## 2.2 枚举法的框架及实施步骤

### 2.2.1 枚举的框架

通常枚举法采用循环结构来实现，以下给出枚举法常用的框架。

#### 2.2.1.1 框架1（简单区间枚举）

当问题的规模已知时，可以在问题区间内进行枚举，在循环体内进行判断和筛选。简单区间枚举的框架如下：

```
1   n=0;                              //n 用于计数
2   for(i=区间下限;i<=区间上限;i=i+步长)      //i 为枚举变量
3   {
4     //操作或运算 1
5     if( 约束条件)                       //满足条件
6     {
7       n++;
8       //操作或运算 2,打印满足条件的解,或将解存储起来
9     }
10    else
11    {
12      //操作或运算 3
13    }
14  }
15  //打印解的个数 n
16  //操作或运算 4
```

在上述框架中：

（1）i 是枚举变量，将其可能的情况都罗列出来；

（2）操作或运算 1 是一组操作或运算，有可能是多条语句，也可能没有；

（3）当需要统计满足条件的解的个数时，使用 n 来计数；

（4）当区间上限不能确定时，可以将第 2 行改为 for（i＝区间下限；1；i＝i+步长），并在第 5 行、第 8 行代码中设置循环退出；

（5）框架中第 1、4、7~8、10~13、15 行根据程序需要，可省略。使用框架求解一般不会重复，也不容易遗漏，能顺利地找出问题的解。

### 2.2.1.2　框架 2（复杂区间枚举）

有时枚举的变量不止一个，需要使用多重循环，由框架 1 可以演变为框架 2。复杂区间枚举的框架如下：

```
1   n=0;                                    //n 用于计数
2   for(i=区间下限 1;i<=区间上限 1;i=i+步长 1)    //i 为枚举变量
3   {
4     //操作或运算 1
5     for(j=区间下限 2;j<=区间上限 2;j=j+步长 2)   //j 为枚举变量
6     {
7       //操作或运算 2
8       if(约束条件)                          //满足条件
9       {
10        n++;
11        //操作或运算 3,打印满足条件的解,或将解存储起来
12      }
13      else
14      {
15        //操作或运算 4
16      }
17    }
18  }
19  //打印解的个数 n
20  //操作或运算 5
```

在上述框架中：

（1）i、j 是枚举变量，使用两重循环实现；

（2）当有多个枚举变量时，可以推广至多重循环；

（3）框架中第 1、4、7、10~11、13~16、19 行根据程序需要可省略。

### 2.2.1.3　框架 3（倒序枚举）

倒序枚举实际上是将框架 1 中第 2 行改为倒序，倒序枚举的框架如下：

```
1   n=0;                                    //n 用于计数
2   for(i=区间上限;i>=区间下限;i=i-步长)        //i 为枚举变量
3   {
4     //操作或运算 1
5     if(约束条件)                            //满足条件
6     {
7       n++;
8       //操作或运算 2,打印满足条件的解,或将解存储起来
9     }
10    else
```

```
11    {
12       //操作或运算 3
13    }
14 }
15 //打印解的个数 n
16 //操作或运算 4
```

倒序枚举常常用于区间下限不能确定的情况，将第 2 行改为 for( i = 区间上限；1；i = i-步长)，并在第 5 行、第 8 行代码中设置循环退出。

#### 2.2.1.4  框架 4（do-while 枚举）

当枚举变量较多，使用框架 2 时循环嵌套层次过多，书写过于复杂，可使用 do-while 枚举实现：

```
1  n=0;                              //n 用于计数
2  do{
3    if(约束条件)                      //满足条件
4    {
5       n++;
6       //操作或运算,打印满足条件的解,或将解存储起来
7    }
8  }while(下一个);
9  //打印解的个数 n
10 //其他操作或运算
```

框架 4 中，第 1、5~6、10 行根据程序需要可省略。

第 8 行"下一个"通常使用 STL 中算法函数 next_permutation。

以上介绍了四个枚举法的框架，框架 2 和框架 3 实际上是框架 1 的变形。

### 2.2.2  枚举法的实施步骤

使用枚举法框架设计求解，通常按以下几个步骤实施：

（1）根据问题描述，明确已知条件（输入）和输出要求；

（2）选择枚举框架；

（3）确定枚举变量（当枚举变量较多时，使用数组）、区间上下限、步长；

（4）确定约束条件；

（5）设计算法，取几组数据检验算法的正确性；

（6）编写程序并运行、调试，对运行结果进行分析和讨论。

# 2.3  鸡兔同笼问题

### 2.3.1  问题描述

鸡兔同笼问题是《孙子算经》中著名的数学问题，具体描述是："今有雉兔同笼，上有三十五头，下有九十四足。问雉兔各几何。"意思是：现有若干只鸡和兔子被关在同一个笼子里，从上面数，有三十五个头；从下面数，有九十四只脚。求笼中各有几只鸡和兔子？

鸡兔同笼问题常常在小学奥数和公务员考试中出现，也常在一些算法竞赛中出现，鸡

兔头和脚的数量一般由题目给出。

### 2.3.2　解法

#### 2.3.2.1　解法1（枚举法）

由已知条件可知，鸡的数量和兔子的数量较少，问题规模较小，可以采用枚举方法解决。

**A　算法思想**

将鸡和兔子数量的所有可能的情况逐一枚举，找出满足条件的结果。

**B　算法设计**

（1）已知条件（输入）：头的数量 n_head，脚的数量 n_foot。

（2）输出：鸡和兔子的数量 i、j。

（3）测试用例见表2-1。

表2-1为程序部分测试用例（此题后面几种解法均通过以下用例测试）。

**表2-1　鸡兔同笼问题部分测试数据及结果**

| 输入 | | 结果 | |
| --- | --- | --- | --- |
| n_head | n_foot | 鸡 i | 兔 j |
| 35 | 94 | 23 | 12 |
| 2 | 8 | 0 | 2 |
| 8 | 16 | 8 | 0 |
| 15 | 49 | no result. | |
| 15 | 62 | no result. | |
| 15 | 28 | no result. | |
| 0 | 2 | no result. | |
| 2 | 0 | no result. | |
| -2 | 4 | no result. | |

（4）枚举框架：因为鸡和兔子的数量需要枚举，所以选用框架2（复杂区间枚举）。

（5）枚举区间：每只鸡有2只脚，最多有 n_foot/2 只鸡；每只兔子有4只脚，最多有 n_foot/4 只兔子，由此确定鸡和兔子数量的枚举区间：

$$鸡 \quad i：0\sim n\_foot/2 \quad 步长：1$$
$$兔子 \quad j：0\sim n\_foot/4 \quad 步长：1$$

（6）约束条件：鸡和兔子共 n_head 只，鸡和兔子共 n_foot 只脚，鸡有2只脚，兔子有4只脚，因此可得到式（2-1）：

$$\begin{cases} i+j=n\_head \\ 2i+4j=n\_foot \end{cases} \tag{2-1}$$

C 程序实现

```
1   #include <stdio. h>                                      //c2_3_1
2   void main( )
3   {
4     int i, j, n_head, n_foot, n = 0;                       //i, j 分别为鸡和兔子的只数
5     scanf("%d%d", &n_head, &n_foot);
6     for(i = 0;i <= n_foot/2;i++)                           //枚举鸡的只数
7       for(j = 0;j <= n_foot/4;j++)                         //枚举兔子的只数
8         if(i+j == n_head&&2 * i+4 * j == n_foot)           //约束条件
9         {
10          n++;
11          printf("There are %d chickens,%d rabbits. \n", i, j);
12        }
13      if(n == 0)                                            //没有满足条件的结果
14        printf("no result. \n");
15  }
```

程序第 6~12 行是对鸡和兔子的数量进行枚举；程序第 8 行，在循环体中判断"约束条件"是否满足。

D 时间复杂度分析

本程序需要枚举（n_foot/2+1）×（n_foot/4+1）次，数量级为 $O(n^2)$。

E 空间复杂度分析

本程序设置 5 个简单变量，复杂度为 $O(1)$。

2.3.2.2 解法 2（枚举法改进）

A 算法思想

上例中，将鸡和兔子数量的所有可能的情况逐一枚举，需要用到两个枚举变量，但分析发现，鸡和兔子数量满足关系 i+j=n_head，即 j=n_head-i，i=n_head-j，可以只对鸡或兔子数量进行枚举。

B 算法设计

（1）已知条件（输入）：头的数量 n_head，脚的数量 n_foot。

（2）输出：鸡和兔子的数量 i, j。

（3）枚举框架：对兔子数量 j 枚举，选用框架 1（简单区间枚举）。

（4）枚举区间：兔子数量 j：0~n_foot/4，步长：1。

本例中，兔子的枚举范围 [0，n_foot/4]，比鸡的枚举范围 [0，n_foot/2] 要小。

（5）约束条件：2i+4j=n_foot。

（6）有结果条件（满足以下条件，有一个结果）：

1）脚的只数是偶数，所以 n_foot 是偶数；

2）若全是兔子，脚的只数是头的 4 倍，所以 4n_head≥n_foot；

3）若全是鸡，脚的只数是头的 2 倍，所以 2n_head≤n_foot。

C 程序实现

```
1   #include <stdio. h>                                      //c2_3_2
2   void main( )
3   {
```

```
4    int i, j, n_head, n_foot;                              //i, j 分别为鸡和兔子的只数
5    scanf("%d%d", &n_head, &n_foot);
6    if(n_foot%2==0&&n_head*4>=n_foot&&n_head*2<=n_foot)    //有结果条件
7    {
8      for(j=0;j<=n_foot/4;j++)                             //枚举兔子的只数
9      {
10       i=n_head-j;                                         //计算鸡的只数
11       if(2*i+4*j==n_foot)                                 //约束条件
12       {
13         printf("There are %d chickens,%d rabbits. \n", i, j);
14         return;                                           //已找到结果, 结束循环
15       }
16     }
17   }
18   else                                                    //没有结果
19     printf("no result. \n");
20 }
```

程序第 8～16 行是对兔子的数量进行枚举；程序第 11 行，在循环体中判断"约束条件"是否满足；程序第 6 行，当不满足"有结果条件"时，输入数据不合理，提示没有结果。程序第 14 行，因为本问题最多只有一个解，因此，当得到结果时，可以马上结束程序。

D　时间复杂度分析

本程序最坏情况是输入合理，且最后一次才找到结果的情况，需要枚举（n_foot/4+1）次，程序平均复杂度数量级为 O(n)。

E　空间复杂度分析

本程序设置 4 个简单变量，复杂度为 O(1)。

### 2.3.2.3　解法 3（解二元一次方程）

A　算法思想

列方程，这个问题很容易解决。由已知条件可知：

$$\begin{cases} i+j=n\_head \\ 2i+4j=n\_foot \end{cases} \tag{2-2}$$

将 j=n_head-i 代入第 2 式，得 2i+4(n_head-i)=n_foot，整理得 i=(4n_head-n_foot)/2。

B　算法设计

（1）已知条件（输入）：头的数量 n_head，脚的数量 n_foot。

（2）输出：鸡和兔子的数量 i，n_head-i。

（3）有结果条件（以下任一条件不满足，将无结果）：

1）脚的只数是偶数，所以 n_foot 是偶数；

2）若全是兔子，脚的只数是头的 4 倍，所以 4n_head≥n_foot；

3）若全是鸡，脚的只数是头的 2 倍，所以 2n_head≤n_foot。

因为 4n_head≥n_foot，n_foot 是偶数，所以 i=(4n_head-n_foot)/2 肯定是正整数。

C 程序实现

```
1   #include <stdio. h>                                              //c2_3_3
2   void main( )
3   {
4       int i, n_head, n_foot;;                                      //i 为鸡的只数
5       scanf("%d%d", &n_head, &n_foot);
6       if(n_foot%2==0&&n_head*4>=n_foot&&n_head*2<=n_foot)
7       {
8           i=(4*n_head-n_foot)/2;                                   //计算鸡的只数
9           printf("There are %d chickens,%d rabbits. \n", i, n_head-i);
10      }
11      else                                                         //没有结果
12          printf("no result. \n");
13  }
```

程序第 8 行直接计算鸡的数量；程序第 6 行，当不满足"有结果条件"时，输入数据不合理，问题没有结果。

D 时间复杂度分析

本程序运算次数与输入规模无关，数量级为 O(1)。

E 空间复杂度分析

本程序设置 3 个简单变量，复杂度为 O(1)。

2.3.2.4 解法 4（极端假设法，以表 2-1 中第一组测试数据为例）

A 假设 1：假设笼子里全是鸡

因为有 35 个头，每只鸡有 2 只脚，共有 2×35=70 只脚；而实际上有 94 只脚，少了 94-70=24 只脚。把兔子假设成鸡，每只兔子少了 2 只脚，所以一共有 24÷2=12 只兔子，35-12=23 只鸡。

a 算法思想

由假设 1 得到兔子的计算公式：j=(n_foot-2n_head)/2。

b 算法设计

（1）已知条件（输入）：头的数量 n_head，脚的数量 n_foot。

（2）输出：鸡和兔子的数量 n_head-j, j。

（3）有结果条件：0≤j≤n_head, n_foot 为偶数。

c 程序实现

```
1   #include <stdio. h>                                              //c2_3_4
2   void main( )
3   {
4       int j;                                                       //j 为兔子的只数
5       int n_head, n_foot;
6       scanf("%d%d", &n_head, &n_foot);
7       j=(n_foot-2*n_head)/2;                                       //计算兔子的只数
8       if(n_foot%2==0&&j>=0&&j<=n_head)
9           printf("There are %d chickens,%d rabbits. \n", n_head-j, j);
10      else                                                         //没有结果
11          printf("no result. \n");
12  }
```

程序第 7 行直接计算兔子的数量；程序第 8 行 n_foot%2 = = 0，n_foot 为偶数，则公式 j = (n_foot-2 * n_head)/2，j 将为整数。

d 时间复杂度分析

本程序运算次数与输入规模无关，数量级为 O(1)。

e 空间复杂度分析

本程序设置 3 个简单变量，复杂度为 O(1)。

B 假设 2：假设笼子里全是兔子

因为有 35 个头，每只兔子有 4 只脚，共有 4×35 = 140 只脚；而实际上只有 94 只脚，多了 140-94 = 46 只脚。把鸡假设成兔子，每只鸡多了 2 只脚，所以一共有 46÷2 = 23 只鸡，35-23 = 12 只兔子。

算法思想：由假设 2 得到鸡的计算公式：i = (4n_head-n_foot)/2，设计及分析同解法 3，请参看解法 3。

2.3.2.5 解法 5（形象假设法，以表 2-1 中第一组测试数据为例）

步骤 1：笼子里所有的小动物都抬起一只脚，那么在地上还有 94-35 = 59 只脚；

步骤 2：笼子里所有的小动物再抬起一只脚，那么地上还有 59-35 = 24 只脚；此时鸡已经抬起了两只脚，所以鸡只得躺着；兔子双脚站立，现在站在地上的 24 只脚都是兔子的，所以兔子有 24÷2 = 12 只，鸡有 35-12 = 23 只。

算法思想：由形象假设法得到兔子的计算公式：j = (n_foot-2n_head)/2，设计及分析同解法 4 假设 1，请参看前面描述。

### 2.3.3 鸡兔同笼问题小结

本节给出了鸡兔同笼问题的几种解法。枚举法思路简单，可以直接套用枚举框架，不易出错。解法 2 通过减少枚举量，增加枚举条件的方法来减少枚举次数。解二元一次方程是在数学中最容易想到的解法，极端假设法和形象假设法在小学奥数教学中经常使用。从上面的解法可知，一个问题可以有多种解法，一种解法可以有多种实现方法，多种解法也可以由同一方法实现。在规模较小时，枚举法是非常有效的解法。枚举法相对来说复杂度较大，往往可以进行改进优化，或改用其他解法达到减少算法复杂度的目的。

# 2.4 数 式

### 2.4.1 问题描述

把 0~9 这 10 个数字分别填入算式（□□□□-□□□□）× □□ = 900 中，使得算式成立，注意 0 不能作为某个数的首位。

### 2.4.2 解法

2.4.2.1 解法 1（枚举法 1）

A 算法思想

对算式中的每个小方块进行枚举，10 个方块，分别用数组元素 a[1]、a[2]、…、

a[10]表示。

B　算法设计

（1）已知条件（输入）：初始化数组元素 a[i]（1≤i≤10）。

（2）输出：数组 a。

（3）枚举框架：因为枚举变量较多，选用框架 2（复杂区间枚举）。

（4）枚举区间：a[1]、a[5]、a[9]：范围 1~9　步长：1；其他元素：范围 0~9　步长：1。

（5）约束条件：

1）数组 a 各元素不等；

2）（（a[1]−a[5]）×1000+（a[2]−a[6]）×100+（a[3]−a[7]）×10+a[4]−a[8]）×（a[9]×10+a[10]）=900。

C　程序实现

```
1   #include <stdio. h>                           //c2_4_1
2   int judge( int a[ ], int n)
3   {                                              //判断数组第 n 个元素与前面 n-1 个元素是否相等
4     int i;
5     for(i=1;i<=n-1;i++)                          //与前面 n-1 个元素比较
6     {
7       if(a[i]==a[n])
8         return 0;                                //与前面元素相等
9     }
10    return 1;
11  }
12  void main( )
13  {
14    int a[11], i;
15    for(a[1]=1;a[1]<=9;a[1]++)
16    {
17      for(a[2]=0;a[2]<=9;a[2]++)
18      {
19        if( !judge(a, 2)) continue;
20        for(a[3]=0;a[3]<=9;a[3]++)
21        {
22          if( !judge(a, 3)) continue;
23          for(a[4]=0;a[4]<=9;a[4]++)
24          {
25            if( !judge(a, 4)) continue;
26            for(a[5]=1;a[5]<=9;a[5]++)
27            {
28              if( !judge(a, 5)) continue;
29              for(a[6]=0;a[6]<=9;a[6]++)
30              {
31                if( !judge(a, 6)) continue;
32                for(a[7]=0;a[7]<=9;a[7]++)
33                {
34                  if( !judge(a, 7)) continue;
35                  for(a[8]=0;a[8]<=9;a[8]++)
36                  {
37                    if( !judge(a, 8)) continue;
```

```
38                    for(a[9]=1;a[9]<=9;a[9]++)
39                    {
40                        if(!judge(a, 9)) continue;
41                        for(a[10]=0;a[10]<=9;a[10]++)
42                        {
43                            if(!judge(a, 10)) continue;
44 if((((a[1]-a[5])*1000+(a[2]-a[6])*100+(a[3]-a[7])*10+a[4]-a[8])*(a[9]*10+a[10])
   ==900)
45                            {
46                                for(i=1;i<=10;i++)
47                                  printf("%d ", a[i]);
48                                printf("\n");
49                            }
50                        }
51                    }
52                }
53                }
54              }
55              }
56            }
57            }
58          }
59        }
60 }
```

本实现方法循环嵌套较多，需要特别注意括号的配对；

程序第 15~59 行是枚举；程序第 2~11 行是子函数 judge，用于判断数组 a 各元素是否相等，相等则返回 0，否则返回 1；程序第 19、22、25、28、31、34、37、40、43 行是约束条件 1），第 44 行是约束条件 2）。

程序运行结果：

    5　0　1　2　4　9　8　7　3　6

    6　0　4　8　5　9　7　3　1　2

验证：$(5012-4987) \times 36 = 900$，$(6048-5973) \times 12 = 900$，有两个解。

D　时间复杂度分析

本程序的解各位数字不相等，其解是 0~9 的某个排列，时间复杂度为 $O(10!)$。

E　空间复杂度分析

本程序设置数组 a，复杂度为 $O(n)$。

F　改进

本解法 a[1]、a[5] 的枚举区间都是 1~9，由算式可知，a[1]>a[5]，a[1] 可以从 2 开始遍历，因此可以将第 15 行改为：for(a[1]=2; a[1]<=9; a[1]++)，减少枚举次数。

### 2.4.2.2　解法 2（枚举法 2）

A　算法思想

同解法 1，对算式中的每个小方块进行枚举，10 个方块，分别用数组元素 a[1]、a[2]、…、a[10] 表示。

B　算法设计

（1）已知条件（输入）：初始化数组元素 a[i]（1≤i≤10）。

（2）输出：数组 a。

（3）枚举框架：枚举变量较多，使用框架 4。

（4）约束条件：

1）a[1]、a[5]、a[9] 不能为 0；

2）数组 a 各元素不等；

3）$((a[1]-a[5])\times1000+(a[2]-a[6])\times100+(a[3]-a[7])\times10+a[4]-a[8])\times(a[9]\times10+a[10])=900$。

C　程序实现

使用 STL 中算法函数 next_permutation 实现，具体代码如下：

```
1   #include <iostream>                          //c2_4_2
2   #include <algorithm>
3   using namespace std;
4   int judge(int a[])                           //判断是否满足约束条件
5   {
6     int i, j;
7     if(a[1]==0||a[5]==0||a[9]==0)             //约束条件1)
8       return 0;
9     if(((a[1]-a[5]) * 1000+(a[2]-a[6]) * 100+(a[3]-a[7]) * 10+a[4]-a[8]) * (a[9] * 10+a[10])!=900)
10      return 0;                                //不满足约束条件3)
11    return 1;
12  }
13  void main()
14  {
15    int a[11]={0, 0, 1, 2, 3, 4, 5, 6, 7, 8, 9}, i;
16    do{
17      if(judge(a))                             //判断a是否合法
18      {
19        for(i=1;i<=10;i++)
20          printf("%d ", a[i]);                 //打印结果
21        printf("\n");
22      }
23    }while(next_permutation(a+1, a+11));
24  }
```

程序第 17 行判断约束条件是否满足，本例中使用子函数 judge 进行判断，第 7 行是约束条件 1），函数 next_permutation 保证了约束条件 2），第 9 行判断约束条件 3）。

本例的时间复杂度和空间复杂度同解法 1 一样，但代码量少了一半，逻辑比较清晰，不易出错。

### 2.4.2.3　解法 3（枚举法 3）

A　算法思想

设算式左边的 3 个整数从左到右分别为 i、j、k，对 i、j、k 进行枚举。

B　算法设计

（1）输入：无。

（2）输出：i、j、k。

（3）枚举框架：有 3 个枚举变量，选用框架 2 （复杂区间枚举）。

（4）枚举区间：

1）j：1023～i　步长：1 （i>j）；

2）i：2013～9876　步长：1 （i>j，j 最高位至少取 1，所以 i 最高位最小取 2）；

3）k：10～98　步长：1。

（5）约束条件：

1）(i-j)×k = 900；

2）数字各位不同。

C　程序实现

```
1   #include <stdio. h>                      //c2_4_3
2   int a[11]={0};
3   void split(int n, int u)                  //将 n 的各位数字放到 a 中第 u 位开始
4   {
5      while(n>0)
6      {
7         a[u++]=n%10;                       //取 n 最后一位
8         n=n/10;
9      }
10  }
11  int judge()                               //判断各位数字是否相同
12  {
13     int u;
14     int v[11]={0};                         //数组 v[w]表示值为 w 的元素的个数
15     for(u=1;u<=10;u++)
16     {
17        if(v[a[u]]>0)                        //已有值为 a[u]的元素
18           return 0;
19        v[a[u]]+=1;                          // a[u]的个数加 1
20     }
21     return 1;
22  }
23  void main()
24  {
25     int i, j, k;
26     for(i=2013;i<=9876;i++)
27     {
28        for(j=1023;j<i;j++)
29        {
30           for(k=10;k<=98;k++)
31           {
32              if((i-j)*k==900)              //约束条件 1)
33              {
34                 split(i, 1);               //将 i 的各位数字放到 a 中第 1 位开始的地方
35                 split(j, 5);               //将 j 的各位数字放到 a 中第 5 位开始的地方
36                 split(k, 9);               //将 k 的各位数字放到 a 中第 9 位开始的地方
37                 if(judge())                //判断 a 各位数字是否相同
38                    printf("%d, %d, %d\n", i, j, k);
39              }
```

```
40          }
41        }
42      }
43  }
```

本程序第 26~42 行实现了枚举，其中第 32 行判断约束条件 1），第 37 行调用子函数 judge 判断约束条件 2）。

子函数 split( int n，int u) 将 n 的各位数字放到数组 a 中第 u 位开始的位置，假设 i=5012，j=4987，k=36，则调用 3 条语句 split(i, 1)；split(j, 5)；split(k, 9)；后，数组 a 各元素的值为 {0，2，1，0，5，7，8，9，4，6，3}。

D　时间复杂度分析

在主程序中：

（1）外层循环执行 9876−2013+1=7864 次<10000 次；

（2）中层循环，执行 i−1023 次<10000 次；

（3）内层循环，执行 98−10+1=89 次<100 次；

（4）对于语句 if((i−j)*k==900)，共执行小于 $10^{10}$ 次；

（5）当第 32 行条件满足时，需将 i、j、k 拆分及判断。

因此程序时间复杂度数量级为 $O(10^{11})$ 次。因为执行的次数较多，所以需要花较长时间。

E　空间复杂度分析

本程序设置数组 a、v，复杂度为 O(n)。

### 2.4.3　数式小结

本节给出了数式的几种解法。当枚举变量较多时，程序运行需要较长时间，除了设法限制枚举区间外，最有效的方法还是减少不必要的遍历。本例的其他解法见附录 A.1。

# 2.5　数　　阵

### 2.5.1　问题描述

设计一个用于填充 n 阶的上三角阵的程序。填充的规则是：使用 1、2、3、4、…的自然数列，从左上角开始，按照顺时针方向螺旋填充。当 n=8 时输出如图 2-1 所示。

```
   1    2    3    4    5    6    7    8
  21   22   23   24   25   26    9
  20   33   34   35   27   10
  19   32   36   28   11
  18   31   29   12
  17   30   13
  16   14
  15
```

图 2-1　8 阶上三角阵

要求格式：每个数据宽度为 4，右对齐。

### 2.5.2　解法

#### 2.5.2.1　解法1（简单区间枚举）

**A　算法思想**

用二维数组元素 a[i][j] 存放上三角阵（i、j 分别为行号和列号），从左上角开始，顺时针填充。

**B　算法设计**

（1）已知条件（输入）：上三角阵阶数 n。

（2）输出：上三角阵。

（3）枚举框架：对填充的数进行枚举，选用框架1（简单区间枚举）。

（4）枚举区间：上三角阵共有 (n+1)×n/2 个元素，所以区间为 [1,(n+1)×n/2]，步长为1。

（5）约束条件：本例中有3个填充方向，用 d 表示，1、2、3 分别表示从左到右，从右上到左下，从下到上，最外层每个方向填充 n−1 个数，如题例，从左到右填充 1，2，…，7 共7个数，从右上到左下填充 8，9，…，14，从下到上填充 15，16，…，21。下一层每个方向要填充的数将少3个，每个方向填充4个数，从左到右填充 22、23、24、25 共4个数，从右上到左下填充 26、27、28、29，从下到上填充 30、31、32、33。下一层每个方向要填充的数将少3个，依此类推。

**C　程序实现**

```
1   #include <stdio.h>                      //c2_5_1
2   #define N 20
3   int a[N][N];
4   void fill(int n)                        //填充 n 阶上三角阵
5   { //i, j 分别为行号和列号, m 表示填充的数, d 表示方向 1,2,3 分别表示横、斜、竖
6     int i=1, j=1, m, k=1, d=1, max_m=(n+1)*n/2;
7     for(m=1;m<=max_m;m++)                  //框架1
8     {
9       a[i][j]=m;
10      k++;                                 //k 计数
11      if(d==1)j++;                         //从左到右
12      if(d==2)j--, i++;                    //从右上到左下
13      if(d==3)i--;                         //从下到上
14      if(k==n)                             //每个方向填 n-1 个数
15      {
16        d=d+1;                             //换一个方向
17        k=1;                               //重新开始计数
18      }
19      if(d==4)                             //填完一圈
20      {
21        d=1;
22        n=n-3;                             //下一圈每个方向要填的数字个数少3
23        i++, j++;                          //下一圈第一个要填数的行号和列号
24      }
25    }
26  }
```

```
27  void main( )
28  {
29      int i, j, n;
30      scanf( "%d", &n);              //输入上三角阵阶数 n
31      fill( n);                      //填充
32      for(i=1;i<=n;i++)              //以下打印输出
33      {
34          for(j=1;j<=n-i+1;j++)
35          {
36              printf( "%4d", a[i][j]);
37          }
38          printf( "\n");
39      }
40  }
```

程序中通过函数 fill 对上三角阵进行填充；第 10 行 k 对每个方向上填充的元素个数进行计数；第 11~13 行是不同方向上行号、列号的变化；第 14~18 行，当某方向已填充足够元素，换一个方向，并重新开始计数；第 19~24 行，当填充完一圈，置下一圈的方向，每个方向的填充个数和行号、列号。

程序运行结果：分别输入 n=1、2、3、…验证，结果符合要求。

D　时间复杂度分析

本例子程序 fill 虽然是单循环，但 $max\_m = (n+1) \times n/2$，输出时也用到了双重循环，因此，本程序的时间复杂度数量级为 $O(n^2)$。

E　空间复杂度分析

本程序设置了二维数组 a，复杂度为 $O(N^2)$。

### 2.5.2.2　解法 2（复杂区间枚举）

A　算法思想

用二维数组 元素 a[i][j]存放上三角阵(i、j 分别为行号和列号)，从左上角开始，顺时针填充。

B　算法设计

(1) 已知条件（输入）：上三角阵阶数 n。

(2) 输出：上三角阵。

(3) 枚举框架：框架 2（复杂区间枚举）。

(4) 枚举区间：

1) 外层：考虑圈数 i：当 n=1、2、3 时，i=1；

当 n=4、5、6 时，i=2；

所以 i 的范围为 [1, n/3+1]，步长为 1。

2) 内层：①考虑从左到右，当圈数 i=1 时，1~7 共填 7 个；

当圈数 i=2 时，22~25 共填 4 个；

所以纵坐标从 [i, n-2i+1]，共 n-3i+2 个。

②考虑从右上到左下，当圈数 i=1 时，8~14 共填 7 个；

当圈数 i=2 时，26~29 共填 4 个；

所以纵坐标从 n-2i+2 一直填到 i+1，共 n-3i+2 个。

③考虑从下到上，当圈数 $i=1$ 时，15~21 共填 7 个；

当圈数 $i=2$ 时，30~33 共填 4 个；

所以横坐标从 $n+2-2i$ 一直填到 $i+1$，共 $n-3i+2$ 个。

（5）约束条件：元素 $a[i][j]=0$ 时才填写。

C　程序实现

```
 1  #include <stdio.h>                         //c2_5_2
 2  #define N 20
 3  int a[N][N];
 4  void fill(int n)                           //填充
 5  {
 6    int m=1, j, i, max=n*(n+1)/2;            //max 为最大数
 7    for(i=1; i<=n/3+1; i++)                  //i 为圈数
 8    {
 9      for(j=i; j<=n-2*i+1; j++)              //此时的 j 表示纵坐标
10        a[i][j] = m++;
11      for( ;j>i;j--)                         //此时的 j 表示纵坐标
12        a[n+2-i-j][j] = m++;                 //观察斜线关系，横坐标+纵坐标=n+2-i
13      for(j=n+2-2*i; j > i; j--)             //此时的 j 表示横坐标
14        a[j][i] = m++;
15    }
16    if(m==max)                              //最后一个元素
17      a[i-1][i-1]=m;
18  }
19  void main()
20  {
21    int i, j, n;
22    scanf("%d", &n);                         //输入上三角阵阶数 n
23    fill(n);                                 //填充
24    for(i=1;i<=n;i++)
25    {
26      for(j=1;j<=n-i+1;j++)                  //打印
27      {
28        printf("%4d", a[i][j]);
29      }
30      printf("\n");
31    }
32  }
```

程序使用函数 fill 对上三角阵进行填充，其中第 9~10 行从左向右填，第 11~12 行从右上向左下填，第 13~14 行从下向上填。第 16~17 行，当最后一圈只有一个元素时，直接填写。

程序运行结果：分别输入 $n=1$，2，3，…验证，结果符合要求。

D　时间复杂度分析

本程序的时间复杂度数量级为 $O(n^2)$。

E　空间复杂度分析

本程序设置了 1 个二维数组 a，复杂度为 $O(N^2)$。

本程序设计的难点在于找到圈数与坐标之间的关系。

### 2.5.2.3　解法 3 (倒序枚举)

**A　算法思想**

用二维数组元素 a[i][j] 存放上三角阵 (i、j 分别为行号和列号),从最外层开始,向里填充。

**B　算法设计**

(1) 已知条件 (输入):上三角阵阶数 n。

(2) 输出:上三角阵。

(3) 枚举框架:对填充方向的个数进行枚举,选用框架 3 (倒序枚举)。

(4) 枚举区间:由解法 1 可知,最外层每个方向填充的元素是 n-1 个,每进一层减 3,当只填充一个元素时,直接填充,枚举变量 n 的区间为 [2, n],步长为 3。

(5) 约束条件:无。

**C　程序实现**

```
1   #include <stdio.h>              //c2_5_3
2   #define N 20
3   int a[N][N];
4   void fill(int n)                //填充 n 阶上三角阵
5   {
6     int i=1, j=1, k, m=1;         //i, j 分别为行号和列号
7     for(;n>1;n=n-3)               //框架 3,填了一圈后阶数少了 3
8     {
9       for(k=1;k<n;k++)            //从左到右填充
10      {
11        a[i][j]=m++;j++;
12      }
13      for(k=1;k<n;k++)            //斜填充
14      {
15        a[i][j]=m++;i++;j--;
16      }
17      for(k=1;k<n;k++)            //从下向上填充
18      {
19        a[i][j]=m++;i--;
20      }
21      j++;i++;                    //某一圈填充完后,下一圈填充位置为当前位置右侧
22    }
23    if(n==1)                      //1 阶
24      a[i][i]=m;
25  }
26  void main()
27  {
28    int i, j, n;
29    scanf("%d", &n);              //输入上三角阵阶数 n
30    fill(n);                      //填充
31    for(i=1;i<=n;i++)
32    {
33      for(j=1;j<=n-i+1;j++)       //打印
34      {
35        printf("%4d", a[i][j]);
```

```
36        }
37        printf(" \n");
38    }
39 }
```

主函数与解法 1 完全相同；程序第 7~22 行对每一圈三个填充方向的数字进行枚举，步长为 3。

D 时间复杂度分析

本程序的时间复杂度数量级为 $O(n^2)$。

E 空间复杂度分析

本程序设置了二维数组 a，复杂度为 $O(N^2)$。

### 2.5.3 数阵小结

本小节给出了数阵的三种枚举解法，当枚举不同的变量时，程序的设计方法会有所不同。枚举方法思路比较简单，本例的其他解法见附录 A.2。

## 2.6 枚举法小结

本章首先简要介绍了枚举法的概念、框架和实施步骤，然后给出了鸡兔同笼等问题的算法思想、算法设计、实现、分析。对于规模较小的问题，使用枚举法可以得到满意的结果。由于枚举法需要遍历所有情况，因此枚举法往往是复杂度最大的解法。

当问题的规模非常大时，枚举法求解的工作量会非常大，程序运行需要很长时间，有时甚至超出问题要求的时限，这时需要对枚举区间进行优化，减少枚举规模，或者改用其他复杂度较低的算法。

## 2.7 习题 2

(1) 填空题：

1) 小明带两个弟弟参加游园。别人问他们多大了，他们调皮地说："我们俩的年龄之积是年龄之和的 6 倍"。小明补充说："他们不是双胞胎，年龄差不超过 8 岁。"则小明的较小的弟弟今年_____岁。

2) 代码填空：

以下程序实现功能：求一个 3 位数，组成它的 3 个数字阶乘之和正好等于它本身。即 abc = a! + b! + c!。

```cpp
#include<iostream>
using namespace std;
int main()
{
    int JC[] = {1, 1, 2, 6, 24, 120, 720, 5040, 40320, 362880};
    int i;
    for(i = 100; i < 1000; i++)
    {
```

```
int sum=0;
int x=i;
while(x! =0)
{
    sum=_____;
    x/=10;
}
if(sum==i)
    cout<<i<<endl;
}
return 0;
}
```

（2）问答题：

1）什么是枚举法，它的主要设计思想是什么？

2）枚举法如何实施？

（3）算法设计题：

1）四平方和定理：每个正整数都可以表示为 4 个正整数的平方和。如：$5 = 0^2 + 0^2 + 1^2 + 2^2$，$7 = 1^2 + 1^2 + 1^2 + 2^2$。一个给定的正整数，可能存在多种平方和的表示法。请对 4 个数排序：$0 \leq a \leq b \leq c \leq d$，并对所有的可能表示法按 a、b、c、d 为联合主键升序排列，最后输出第一个表示法。如前例中输入 5，则输出 0 0 1 2。

2）图 2-2 所示是一个七角星，上面有 14 个节点，请填入 1~14 的数字（图中已给出了 3 个），不重复，且每条线上的四个数字之和相等。

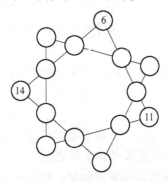

图 2-2　七角星

# 3 递推

## 3.1 递推概述

递推是按照一定的规律计算序列中的每一项，通常是通过计算前面的一些项来得出序列中指定项的值，其思想是把一个复杂、庞大的计算过程转化为简单过程的多次重复。

递推算法以初始（起点）值为基础，用相同的运算规律逐次重复运算，直至运算结束。从"起点"重复相同的方法直至到达一定"边界"，用循环实现。递推的本质是按规律逐次推出（计算）结果。

递推算法的首要问题是得到相邻的数据项之间的关系，即递推关系。主要针对这样一类问题：问题的解决可以分为若干步骤，每个步骤产生一个子解（部分结果），每个子解由前面若干子解生成，这种由前面的子解得出后面的子解的规则称为递推关系。

递推算法是一种应用广泛的算法，与递归、动态规划有密切联系。

## 3.2 递推实施步骤

在求解递推问题时，要通过细心观察、丰富联想不断地尝试推理，尽可能归纳总结其内在规律，再把这种规律性的东西抽象成递推数学模型。递推求解通常按以下几个步骤实施：

（1）确定递推变量。递推变量可以是简单变量，也可以是数组。

（2）确定边界条件。根据问题最简单情形的数据，确定递推变量的边界值。

（3）确定递推关系。递推关系是从变量的前一些值推出其后一个值或从变量的后一些值推出前一个值的公式（或关系）。

（4）对递推过程进行控制，即确定递推结束条件。

## 3.3 简单顺推框架及实施

### 3.3.1 简单顺推框架

顺推是从前往后推，从已经求出的规模为 1，2，3，…，$i-1$ 的一系列解，推出问题规模为 $i$ 的解，直至得到规模为 n 的解。简单顺推框架如下：

```
1   a[1]、a[2]、…、a[i-1]赋初值            //确定边界条件
2   for(k=i;k<=n;k++)                     //确定递推结束条件
3   {
```

```
4    a[k]=<递推关系式>;                        //递推变量a, 递推关系
5    }
6  打印 a[n]
```

框架中, 数组 a 是递推变量, 也可以使用简单变量作为递推变量;

顺推起点是 i, 终点是 n, 用循环重复相同的方法。

### 3.3.2 简单顺推举例

#### 3.3.2.1 斐波那契数列

A  问题描述

斐波那契数列 Fibonacci 定义为 $a_1 = a_2 = 1$, $a_n = a_{n-1} + a_{n-2}(n>2)$, 当 n 比较大时, $a_n$ 也非常大, 试求斐波那契数列的第 n 项除以 c 的余数。

B  解法

a  解法 1

● 算法思想

已经求出的规模为 1、2 的解 $a_1$、$a_2$, 递推关系为 $a_n = a_{n-1} + a_{n-2}$, 可用简单顺推求解。

● 算法设计

(1) 已知条件 (输入): 项数 n, 除数 c。

(2) 输出: $v_n$ (第 n 项 $a_n$ 除以 c 的余数)。

(3) 递推变量: 数组 v。

(4) 边界条件: $v[1] = a_1 \% c$, $v[2] = a_2 \% c(a_1 = 1, a_2 = 1)$。

(5) 递推关系: 设 $a_{n-1} = u_{n-1}c + v_{n-1}$, $a_{n-2} = u_{n-2}c + v_{n-2}$, $u_{n-1}$、$u_{n-2}$ 是整数

$$
\begin{aligned}
v_n = a_n \% c &= (a_{n-1} + a_{n-2}) \% c \\
&= (u_{n-1}c + v_{n-1} + u_{n-2}c + v_{n-2}) \% c \\
&= [(u_{n-1} + u_{n-2})c + (v_{n-1} + v_{n-2})] \% c \\
&= (v_{n-1} + v_{n-2}) \% c
\end{aligned}
\tag{3-1}
$$

由式 (3-1) 知, 第 n 项 $a_n$ 除以 c 的余数等于第 n-1 项除以 c 的余数与第 n-2 项除以 c 的余数之和再对 c 求余。

(6) 递推结束条件: k>n。

(7) 测试用例见表 3-1。

**表 3-1  斐波那契数列测试用例**

| n | 1 | 2 | 3 | 4 | 5 | 6 | 7 | 8 | 9 | 10 | 11 | 12 | 13 |
|---|---|---|---|---|---|---|---|---|---|----|----|----|----|
| $a_n$ | 1 | 1 | 2 | 3 | 5 | 8 | 13 | 21 | 34 | 55 | 89 | 144 | 233 |
| $a_n \% 7$ | 1 | 1 | 2 | 3 | 5 | 1 | 6 | 0 | 6 | 6 | 5 | 4 | 2 |
| $a_n \% 11$ | 1 | 1 | 2 | 3 | 5 | 8 | 2 | 10 | 1 | 0 | 1 | 1 | 2 |

● 程序实现

```
1  #include <stdio.h>                         //c3_3_1
2  #define MAXN 100001
3  int main()
4  {
```

```
5    int n, c, k, v[MAXN];
6    scanf("%d", &n);                    //输入项数 n
7    scanf("%d", &c);                    //输入除数 c
8    v[1] = 1%c;                         //边界条件
9    v[2] = 1%c;
10   for (k=3;k<=n;k++)                  //递推结束条件 n
11      v[k]=(v[k-1]+v[k-2])%c;          //递推关系
12   printf("%d\n", v[n]);
13   return 0;
14 }
```

程序第 8、9 行初始化边界条件，第 10 行对递推过程进行控制，第 11 行是递推关系。

● 时间复杂度分析

本程序时间复杂度数量级为 $O(n)$。

● 空间复杂度分析

本程序设置 1 个一维数组，复杂度为 $O(MAXN)$。

b　解法 2（迭代）

● 算法思想

已经求出的规模为 1、2 的解 $a_1$、$a_2$，递推关系为 $a_n = a_{n-1} + a_{n-2}$，从第 3 项开始，第 k 项的值是其前两项之和。设 $a_1$、$a_2$、$a_3$ 为迭代变量，$a_1$ 表示前两项的值，$a_2$ 表示前一项的值，则当前项 $a_3$ 的值为 $a_1 + a_2$，$a_3$ 下一项的前两项 $a_1$ 是 $a_2$，$a_3$ 下一项的前一项 $a_2$ 是 $a_3$。

● 算法设计

（1）已知条件（输入）：项数 n，除数 c。

（2）输出：$v_n$（第 n 项 $a_n$ 除以 c 的余数）。

（3）循环：设 $a_{n-1} = u_{n-1}c + v_{n-1}$，$a_{n-2} = u_{n-2}c + v_{n-2}$，$u_{n-1}$、$u_{n-2}$ 是整数

$$
\begin{aligned}
v_3 = a_3\%c &= (a_1+a_2)\%c \\
&= (u_1c+v_1+u_2c+v_2)\%c \\
&= [(u_1+u_2)c + (v_1+v_2)]\%c \\
&= (v_1+v_2)\%c
\end{aligned}
\tag{3-2}
$$

由式（3-2）可知，第 k 项 $a_k$ 除以 c 的余数等于第 k-1 项除以 c 的余数与第 k-2 项除以 c 的余数之和再对 c 求余。

$v_1 = v_2$，$v_2 = v_3$。

（4）循环结束条件：k>n。

● 程序实现

```
1  #include <stdio. h>                  //c3_3_2
2  int main()
3  {
4     int n, c, k, v1, v2, v3;
5     scanf("%d", &n);                  //输入项数 n
6     scanf("%d", &c);                  //输入除数 c
7     v1 = 1%c;                         //边界条件
8     v2 = 1%c;
9     for (k=3;k<=n;k++)                //结束条件 n, 控制迭代次数
10    {
11       v3 = (v1+v2)%c;
```

```
12      v1 = v2;                            //迭代
13      v2 = v3;
14    }
15    printf("%d\n", v3);
16    return 0;
17  }
```

程序中没有用数组，第 11~13 行使用 3 个变量 $v_1$、$v_2$、$v_3$ 进行迭代。

● 时间复杂度分析

本程序时间复杂度数量级为 $O(n)$。

● 空间复杂度分析

本程序设置 6 个简单变量，复杂度为 $O(1)$。

c  解法 3（矩阵）

● 算法思想

数列的递推公式为：$a[1] = a[2] = 1$，$a[n] = a[n-1] + a[n-2] (n > 2)$

$$[a[n-1] \quad a[n]] = [a[n-2] \quad a[n-1]]\begin{bmatrix} 0 & 1 \\ 1 & 1 \end{bmatrix} = [a[n-3] \quad a[n-2]]\begin{bmatrix} 0 & 1 \\ 1 & 1 \end{bmatrix}^2$$

$$= \cdots = [a[1] \quad a[2]]\begin{bmatrix} 0 & 1 \\ 1 & 1 \end{bmatrix}^{n-2} \tag{3-3}$$

问题转化为二阶矩阵的 n 次幂。由于二阶矩阵乘法满足结合律，所以可以快速计算二阶矩阵的 n 次幂。

假设 $\mathbf{A}$ 为一个二阶矩阵，则：

$$\mathbf{A}^7 = \mathbf{A}^4 \times \mathbf{A}^2 \times \mathbf{A}^1$$

把 $\mathbf{A}$ 看作二进制中的 2，$2^7 = 2^4 \times 2^2 \times 2^1$，即可以将矩阵的幂转成二进制表示，将 n 次幂拆解成长度为 $\log n$ 的二进制数来表示：7 的二进制为 111，30 的二进制为 11110。

$$\mathbf{A}^{30} = \mathbf{A}^{16} \times \mathbf{A}^8 \times \mathbf{A}^4 \times \mathbf{A}^2$$

以下是快速求幂算法：

```
1   #include <stdio.h>                      //c3_3_3 快速幂算法
2   int qpow(int base, int exp)             //base 底数 exp 指数
3   {
4     if(exp == 0)
5       return 1;
6     int a = 1;
7     while(exp)
8     {
9       if(exp&1)                           //exp 最右一位,按位与
10      {
11        a = a * base;                      //如果为 1,则乘
12      }
13      base = base * base;
14      exp>>= 1;                            //右移一位
15    }
16    return a;
17  }
18  int main()
19  {
20    printf("%d\n", qpow(3, 5));           //求 3 的 5 次方
```

```
21    return 0;
22  }
```

函数 qpow 用于快速求幂：

（1）指数 exp＝5＞0，进入 7～15 行的循环，第 9 行 exp（101）与 1 进行按位与运算，实际上是取其二进制最右一位，因为是 1，a＝3；base＝9；exp 右移一位（10）。

（2）指数 exp＝2＞0，进入 7～15 行的循环，第 9 行 exp（10）与 1 进行按位与运算，实际上是取其二进制最右一位，base＝81；exp 右移一位（1）。

（3）指数 exp＝1＞0，进入 7～15 行的循环，第 9 行 exp（1）与 1 进行按位与运算，实际上是取其二进制最右一位，因为是 1，a＝243；base＝6561；exp 右移一位（0）。

（4）指数 exp＝0，退出循环，打印 243。

● 算法设计

（1）底数：$\begin{bmatrix} 0 & 1 \\ 1 & 1 \end{bmatrix}$，用二维数组 base 表示；

（2）指数：n-2。

● 程序实现

```
1   #include<iostream>                        //c3_3_4
2   #include<cstdio>
3   #include<cstring>
4   using namespace std;
5   typedef __int64 ll;
6   int c;
7   void mul(int a[2] , int base[2][2])        //矩阵乘法 a * base-->a
8   {
9     int d[2];
10    memset(d, 0, sizeof(d));
11    for(int i=0;i<2;i++)
12      for(int j=0;j<2;j++)
13        d[i]=(d[i]+(ll)a[j]*base[j][i])%c;
14    memcpy(a, d, sizeof(d));
15  }
16  void mulself(int base[2][2]){              //矩阵乘法 base * base-->base
17    int d[2][2];
18    memset(d, 0, sizeof(d));
19    for(int i=0;i<2;i++)
20      for(int j=0;j<2;j++)
21        for(int k=0;k<2;k++)
22          d[i][j]=(d[i][j]+(ll)base[i][k]*base[k][j])%c;
23    memcpy(base, d, sizeof(d));
24  }
25  int main(){
26    int n, exp;
27    scanf("%d", &n);                         //输入项数 n
28    scanf("%d", &c);                         //输入除数 c
29    int a[2]={1, 1};                         //初始化
30    int base[2][2]={{0, 1}, {1, 1}};         //二阶矩阵
```

```
31   exp=n-2;                           //求 base 的 n-2 次方
32   while(exp)                         //快速求幂,base 为底数,exp 为指数
33   {
34     if(exp&1)                        //取 n 最后一位
35       mul(a, base);                  //矩阵相乘 a * base-->a,迭代
36     mulself(base);                   //矩阵相乘 base * base-->base
37     exp>>=1;                         //右移一位
38   }
39   printf("%d\n", a[1]);
40 }
```

程序中函数 mul、mulself 实现矩阵乘法运算，主函数中第 32~38 行用矩阵快速幂进行优化。

- 时间复杂度分析

本程序时间复杂度数量级为 $O(\log n)$。

- 空间复杂度分析

本程序设置的两个数组不随 n 变化，复杂度为 $O(1)$。

C  斐波那契数列小结

本例使用了多种方法实现。

递推和迭代两种方法的时间复杂度是相同的，不同的是递推往往设置数组，迭代只要设置迭代的简单变量就可以了；递推过程中数组变量带有下标，推出过程比迭代清晰；递推中应用数组保留递推过程中的中间数据，迭代不保留迭代过程中的数据；在实际中，很多递推过程也可以用迭代来完成。

当 n 较小时，本例也可以使用递归方法来实现，但由于递归需要不停地进栈和出栈，复杂程度高于递推和迭代。

矩阵快速幂是快速计算矩阵的幂，其时间复杂度为 $O(\log n)$，效率有较大的提高，其基本原理是二进制，矩阵快速幂求解需要将递推式转化成关系矩阵。

3.3.2.2  猴子爬山

A  问题描述

一只小猴要爬一座有 n 级台阶的小山，猴子一步可跳 1 级或 3 级，试求其上到山顶有多少种不同的爬法。

B  解法

a  解法 1

- 算法思想

若小山有 1 级，有 1 种方法；

若小山有 2 级，有 1 种方法：1+1=2；

若小山有 3 级，有 2 种方法：1+1+1=3，3=3；

若小山有 4 级，因为猴子一步跳 1 级或 3 级，所以它登上第 4 级台阶前，可能到达第 3 级（2 种方法）和第 1 级（1 种方法），方法数有 3 种：1+1+1+1=4，3+1=4，1+3=4；

⋮

此问题实际上是整数的有序可重复拆分问题，可用递推方法求解。

- 算法设计

（1）输入：台阶数 n。

（2）输出：方法数。

（3）递推变量：爬 k 级台阶有 a[k] 种爬法。

（4）边界条件：a[1]=1，a[2]=1，a[3]=2。

（5）递推关系：n=4 时，a[4]=3=a[3]+a[1]，登上第 4 级台阶前在第 3 级或第 1 级；

⋮

n=30 时，登上第 30 级台阶前在第 29 级或第 27 级，a[30]=a[29]+a[27]，一般地：

$$a[k] = a[k-1] + a[k-3] \tag{3-4}$$

（6）递推结束条件：k>n。

（7）测试用例见表 3-2。

表 3-2 猴子爬山测试用例

| n | 1 | 2 | 3 | 4 | 5 | 6 | 7 | 8 | 9 | 10 | 11 | 12 | 30 |
|---|---|---|---|---|---|---|---|---|---|----|----|----|----|
| a[n] | 1 | 1 | 2 | 3 | 4 | 6 | 9 | 13 | 19 | 28 | 41 | 60 | 58425 |

- 程序实现

```
1   #include <stdio. h>                  //c3_3_5
2   #define MAXN 100
3   int main( )
4   {
5      int n, k, a[MAXN];
6      scanf("%d", &n);                   //输入台阶 n
7      a[1]=1;                            //边界条件
8      a[2]=1;
9      a[3]=2;
10     for (k=4;k<=n;k++)                 //递推结束条件 n
11        a[k]=a[k-1]+a[k-3];            //递推关系
12     printf("%d\n", a[n]);
13     return 0;
14  }
```

程序第 7~9 行输入边界条件，第 10 行控制递推过程，第 11 行是递推关系。

- 时间复杂度分析

本程序时间复杂度数量级为 O(n)。

- 空间复杂度分析

本程序设置 1 个一维数组，复杂度为 O(MAXN)。

b   解法 2（迭代）

- 算法思想

已经求出的规模为 1、2、3 的解 $a_1$、$a_2$、$a_3$，递推关系为 $a_n = a_{n-1} + a_{n-3}$。设 $a_1$、$a_2$、$a_3$、$a_4$ 为迭代变量，$a_1$ 表示前三项的值，$a_2$ 表示前两项的值，$a_3$ 表示前一项的值，则当前项 $a_4$ 的值为 $a_1 + a_3$，$a_4$ 下一项的前三项 $a_1$ 是 $a_2$，$a_4$ 下一项的前两项 $a_2$ 是 $a_3$，$a_4$ 下一项的

前一项 $a_3$ 是 $a_4$。

- 算法设计

（1）已知条件（输入）：台阶数 n。

（2）输出：方法数。

（3）循环：$a_4 = a_1 + a_3$

$$a_1 = a_2$$

$$a_2 = a_3$$

$$a_3 = a_4$$

(3-5)

（4）循环结束条件：k>n。

- 程序实现

```
1   #include <stdio. h>                    //c3_3_6
2   int main( )
3   {
4     int n, k, a1, a2, a3, a4;
5     scanf("%d", &n);                     //输入项数 n
6     a1 = 1;                              //边界条件
7     a2 = 1;
8     a3 = 2;
9     for(k = 4;k<=n;k++)                  //结束条件 n, 控制迭代次数
10    {
11      a4 = a1+a3;
12      a1 = a2;                          //迭代
13      a2 = a3;
14      a3 = a4;
15    }
16    printf("%d\n", a4);
17    return 0;
18  }
```

程序第 11~14 行使用 4 个变量 $a_1$、$a_2$、$a_3$、$a_4$ 进行迭代。

- 时间复杂度分析

本程序时间复杂度数量级为 $O(n)$。

- 空间复杂度分析

本程序设置 6 个简单变量，复杂度为 $O(1)$。

C 猴子爬山小结

本例采用了递推和迭代两种方法实现，设计关键是找出问题的递推关系。当问题规模较小时，也可以用递归求解。

## 3.4 简单逆推框架及实施

### 3.4.1 简单逆推框架

逆推是从后往前推，从已经求出的规模为 n，n-1，…，i+1 的一系列解，推出问题规模为 i 的解，直至得到规模为 1 的解。简单逆推框架如下：

```
1   a[n]、a[n-1]、…、a[i+1]赋初值              //确定边界条件
2   for(k=i;k>=1;k--)                        //确定递推结束条件
3   {
4       a[k]=<递推关系式>;                    //递推变量a,递推关系
5   }
6   打印a[1]
```

框架中,数组a是递推变量,也可以使用简单变量作为递推变量;顺推起点是i,终点是1,用循环重复相同的方法。

### 3.4.2　简单逆推举例

#### 3.4.2.1　猴子吃桃

**A　问题描述**

有一只小猴子从树上摘了若干个桃子,当即吃了一半,还不过瘾,又多吃了一个。第2天早上,又将剩下的桃子吃了一半,又多吃了一个。以后每天早上都在吃了前一天剩下的一半后又多吃了1个。到第n天早上想再吃时,只剩下1个了。求第1天共摘了多少个桃子。

**B　解法**

**a　解法1**

● 算法思想

猴子每天早上都吃了前一天剩下的一半后又多吃了1个,可以由当天吃之前的桃子数推出前一天的桃子数。已知规模为n的桃子数,因此可以用逆推方法推出第1天的桃子数。

● 算法设计

(1) 输入:天数n。

(2) 输出:第一天的桃子数。

(3) 递推变量:第k天早上有a[k]个桃子。

(4) 边界条件:a[n]=1。

(5) 递推关系:a[n]=1, a[n] = a[n-1]-a[n-1]/2-1, a[n-1]=2(a[n]+1)。

一般地:
$$a[k-1]=2(a[k]+1) \qquad (n \geqslant k>1)$$
$$a[k]=2(a[k+1]+1) \qquad (n>k \geqslant 1) \qquad\qquad (3-6)$$

(6) 递推结束条件:k=0。

(7) 测试用例见表3-3。

表3-3　猴子吃桃测试用例

| n | 1 | 2 | 3 | 4 | 5 | 6 | 7 | 8 | 9 | 10 | 11 | 12 |
|---|---|---|---|---|---|---|---|---|---|----|----|----|
| a[n] | 1 | 4 | 10 | 22 | 46 | 94 | 190 | 382 | 766 | 1534 | 3070 | 6142 |

● 程序实现

```
1   #include <stdio.h>              //c3_4_1
2   #define MAXN 100
3   int main()
4   {
```

```
5      int n, k, a[MAXN];
6      scanf("%d", &n);                //输入天数 n
7      a[n]=1;                         //边界条件
8      for (k=n-1;k>=1;k--)            //递推结束条件1
9          a[k]=2*(a[k+1]+1);          //递推关系
10     printf("%d\n", a[1]);
11     return 0;
12  }
```

程序第 7 行初始化边界条件，第 8 行对递推过程进行控制，第 9 行是递推关系。

● 时间复杂度分析

本程序时间复杂度数量级为 $O(n)$。

● 空间复杂度分析

本程序设置 1 个一维数组，复杂度为 $O(MAXN)$。

b  解法 2（迭代）

● 算法思想

已经求出的规模为 n 的解 $a_n$，递推关系为 $a_k=2(a_{k+1}+1)$。设 $a_1$、$a_2$ 为迭代变量，$a_2$ 表示当天的值，$a_1$ 表示前一天的值，则 $a_1=2(a_2+1)$。

● 算法设计

（1）已知条件（输入）：天数 n。

（2）输出：第 1 天的桃子数。

（3）循环：$a_1=2(a_2+1)$

$$a_2=a_1 \tag{3-7}$$

（4）循环结束条件：k=0。

● 程序实现

```
1   #include <stdio.h>               //c3_4_2
2   int main()
3   {
4      int n, k, a1, a2;
5      scanf("%d", &n);              //输入天数 n
6      a2=1;                         //边界条件
7      for(k=n-1;k>=1;k--)           //结束条件 n，控制迭代次数
8      {
9         a1=2*(a2+1);
10        a2=a1;                     //迭代
11     }
12     printf("%d\n", a1);
13     return 0;
14  }
```

程序第 9~10 行使用 2 个变量 $a_1$、$a_2$ 进行迭代。

● 时间复杂度分析

本程序时间复杂度数量级为 $O(n)$。

● 空间复杂度分析

本程序设置 4 个简单变量，复杂度为 $O(1)$。

c　解法3

●算法思想

递推关系为 $a_k = 2(a_{k+1}+1)$

$$
\begin{aligned}
a_1 &= 2(a_2+1) = 2a_2+2^1 \\
&= 2 \cdot 2(a_3+1)+2^1 = 2^2 a_3 + 2^2 + 2^1 \\
&= 2^2 2(a_4+1)+2^2+2 = 2^3 a_4 + 2^3 + 2^2 + 2^1 \\
&\qquad \cdots \\
&= 2^{n-1} a_n + 2^{n-1} + \cdots + 2^3 + 2^2 + 2^1 \\
&= 2^{n-1} a_n + 2(2^{n-1}-1) \\
&= 2^{n-1} a_n + 2^n - 2 \\
&= 2^{n-1}(a_n + 2) - 2
\end{aligned}
\tag{3-8}
$$

●算法设计

（1）已知条件（输入）：天数 $n$。

（2）输出：第1天的桃子数 $a_1$。

$$
a_1 = 2^{n-1}(a_n + 2) - 2
$$

●程序实现

```
1   #include <stdio. h>                    //c3_4_3
2   #include <math. h>
3   int main( )
4   {
5     int n, a1, an;
6     scanf("%d", &n);                     //输入天数 n
7     an = 1;                              //边界条件
8     a1 = pow(2, n-1) * (an+2)-2;
9     printf("%d\n", a1);
10    return 0;
11  }
```

程序直接使用式（3-8）计算第1天的桃子数。

●时间复杂度分析

本程序时间复杂度数量级为 $O(1)$。

●空间复杂度分析

本程序设置3个简单变量，复杂度为 $O(1)$。

C　猴子吃桃小结

本小节给出了猴子吃桃的几种解法，递推和迭代法的时间复杂度相同。解法3通过推导，根据天数直接计算，提高了运算速度。本例因为规模有限，也可以使用递归算法实现，详见附录A.3。

### 3.4.2.2　猴子分香蕉

A　问题描述

5只猴子在海边的椰子树上睡着了。这期间，有商船把一大堆香蕉忘记在沙滩上离去。

第1只猴子醒来，把香蕉均分成5堆，还剩下1个，就吃掉并把自己的一份藏起来继续睡觉。

　　第 2 只猴子醒来，重新把香蕉均分成 5 堆，还剩下 2 个，就吃掉并把自己的一份藏起来继续睡觉。

　　第 3 只猴子醒来，重新把香蕉均分成 5 堆，还剩下 3 个，就吃掉并把自己的一份藏起来继续睡觉。

　　第 4 只猴子醒来，重新把香蕉均分成 5 堆，还剩下 4 个，就吃掉并把自己的一份藏起来继续睡觉。

　　第 5 只猴子醒来，重新把香蕉均分成 5 堆，哈哈，正好不剩！

　　请计算一开始最少有多少个香蕉。

　　B　解法

　　a　解法 1

　　● 算法思想

　　第 1～4 只猴子将香蕉分为 5 堆，剩下 k 只，吃掉并藏自己的一份。已知第 5 只猴子醒来香蕉数正好平分，可以用逆推方法推出第 1 天的香蕉数。

　　● 算法设计

　　(1) 递推变量：第 k 只猴子醒来时的香蕉数 a[k]。

　　(2) 已知：猴子数 n=5。

　　(3) 输出：一开始的香蕉数 a[1]。

　　(4) 边界条件：a[5]%5=0，a[5]≥5。

　　(5) 递推关系：

　　第 2 只猴子醒来时的香蕉数 a[2]=(a[1]-1)×4/5

　　　　⋮

　　第 k 只猴子醒来时的香蕉数 a[k]=[a[k-1]-(k-1)]×4/5 (k=2，3，4，5)

$$a[k-1]=a[k]×5/4+k-1 \qquad (k=2，3，4，5)$$

$$a[k]=a[k+1]×5/4+k \qquad (k=1，2，3，4) \qquad (3-9)$$

　　(6) 递推结束条件：k=0。

　　由式 (3-9) 及边界条件知，a[k](k=2，3，4，5)肯定能被 4 整除，a[5]能被 5 整除，可对 a[5](20，40，60，⋯) 进行尝试。

　　● 程序实现

```
1   #include <stdio. h>              //c3_4_4
2   void main( )
3   {
4     int k, a[6];
5     a[5]=20;                       //边界条件初始化
6     for(k=4;k>=1;k--)              //控制递推过程
7     {
8       a[k]=a[k+1]*5/4+k;          //递推关系
9       if(a[k+1]%4!=0)             //若不能被4整除，则再重新试
10      {
11        a[5]=a[5]+20;
12        k=5;                       //每次循环体结束要自减，所以此处设为5
13      }
14    }
```

```
15    printf("%d\n",a[1]);                    //打印第1只醒来时的香蕉数
16  }
```

程序第 5 行进行初始化，第 6 行控制递推过程，第 8 行是递推关系，初始化的值不一定是正确的值，若不对，第 11~12 行重新初始化递推。

● 时间复杂度分析

本程序时间复杂度数量级为 $O(n)$，n 是猴子数。

● 空间复杂度分析

本程序设置 1 个一维数组，复杂度为 $O(n)$。

b  解法 2

● 算法思想

第 1~4 只猴子将香蕉分为 5 堆，剩下 k 只，吃掉并藏自己的一份。已知第 5 只猴子醒来香蕉数正好平分，可以用逆推方法推出一开始的香蕉数。

● 算法设计

(1) 递推变量（与解法 1 不同）：第 k 只猴子藏的香蕉数 $a[k]$。

(2) 已知：猴子数 n=5。

(3) 输出：一开始的香蕉数 $a[1]×5+1$。

(4) 递推关系：

第 2 只猴子藏的香蕉数 $a[2]=(a[1]×4-2)/5$

⋮

第 k 只猴子藏的香蕉数 $a[k]=(a[k-1]×4-k)/5$        (k=2, 3, 4)

$$a[k-1]=(a[k]×5+k)/4        (k=2, 3, 4)$$

$$a[k]=(a[k+1]×5+k+1)/4        (k=1, 2, 3)        (3-10)$$

(5) 递推结束条件：k=0。

(6) 边界条件：第 5 只猴子醒来的香蕉数 $a[5]=4a[4]$ 能被 5 整除。

所以 $a[4]$ 只能取 5，10，…。

● 程序实现

```
1   #include <stdio. h>                      //c3_4_5
2   void main( )
3   {
4     int k, a[6], tmp;
5     a[4]=5;                                //边界条件初始化
6     for(k=3;k>=1;k--)                      //控制递推过程
7     {
8       tmp=a[k+1] * 5+k+1;
9       if(tmp%4==0)
10        a[k]=tmp/4;                        //递推关系
11      else                                 //若不能被4整除,则再重新试
12      {
13        a[4]=a[4]+5;
14        k=4;                               //每次循环体结束要自减,所以此处设为4
15      }
16    }
17    printf("%d\n", a[1] * 5+1);            //打印开始时的香蕉数
18  }
```

程序第 5 行进行初始化，第 6 行控制递推过程，第 8、10 行是递推关系，初始化的值不一定是正确的值，若不对，第 13~14 行重新初始化递推。

  ● 时间复杂度分析

本程序时间复杂度数量级为 O(n)，n 是猴子数。

  ● 空间复杂度分析

本程序设置 1 个一维数组，复杂度为 O(n)。

C　猴子分香蕉小结

本小节中的两种逆推方法的时间复杂度相同，但递推变量不同，导致边界条件、递推关系都发生了变化。由此可知，递推变量确定对递推算法的设计也非常重要。

# 3.5　二维顺推框架及实施

## 3.5.1　二维顺推框架

简单递推一般设置一维数组，较复杂的递推问题需要设置二维或二维以上的数组。设递推的二维数组为 a[k][j]（1≤k≤n，1≤j≤m），由初始条件知 a[1][1]，a[1][2]，…，a[1][m]，要求 a[n][m]，根据递推关系可求 a[2][1]，a[2][2]，…，a[2][m]，…，直至 a[n][m]。

二维顺推框架如下：

```
1   a[1][1]、a[1][2]、…、a[1][m]赋初值        //确定边界条件
2   for(k=2;k<=n;k++)                        //确定递推结束条件
3   {
4     for(j=1;j<=m;j++)
5       a[k][j]=<递推关系式>;                  //递推变量a，递推关系
6   }
7   打印a[n][m]
```

框架中，数组 a 是递推变量，使用循环重复相同的方法。

## 3.5.2　二维数组顺推举例

### 3.5.2.1　问题描述

杨辉三角，又称"帕斯卡三角"。如图 3-1 所示，其每一行的首尾两数均为 1，第 k 行共有 k 个数，除了首尾两数外，其余各数均为上一行左上和右上的两数之和。求第 n 行第 m 列的值。

```
                            1
                          1   1
                        1   2   1
                      1   3   3   1
                    1   4   6   4   1
                  1   5  10  10   5   1
                1   6  15  20  15   6   1
              1   7  21  35  35  21   7   1
            1   8  28  56  70  56  28   8   1
          1   9  36  84 126 126  84  36   9   1
        1  10  45 120 210 252 210 120  45  10   1
      1  11  55 165 330 462 462 330 165  55  11   1
```

图 3-1　杨辉三角

### 3.5.2.2 解法

**A　解法 1**

**a　算法思想**

杨辉三角可以用一个二维数组 a 来存储, 考察杨辉三角的构建规律:

(1) 每行的第 1 个数均为 1, 即 $a[k][1]=1$ (k 为行);

(2) 第 k 行共有 k 个数, 最后一个数为 1, 即 $a[k][k]=1$;

(3) 其余各数为其左上和右上两数之和, 即 $a[k][j]=a[k-1][j-1]+a[k-1][j]$。

可以用二维顺推方法推出第 n 行第 m 列的值。

**b　算法设计**

(1) 递推变量: 第 k 行第 j 列的值 $a[k][j]$。

(2) 输入: 行号 n, 列号 m。

(3) 输出: $a[n][m]$。

(4) 边界条件: $a[k][1]=1(1\leqslant k\leqslant n)$, $a[k][k]=1(1\leqslant k\leqslant n)$。

(5) 递推关系:

$$a[k][j]=a[k-1][j-1]+a[k-1][j] \quad (1<k\leqslant n,\ 1<j<k) \tag{3-11}$$

(6) 递推结束条件: k=n+1, j=k。

**c　程序实现**

```
1   #include <stdio. h>                           //c3_5_1
2   #define N 100
3   void main( )
4   {
5     int k, j, n, m, a[N][N];
6     scanf("%d%d", &n, &m);                       //输入行号 n 列号 m
7     if(m>n)
8     {
9       printf("n 应大于 m\n");                     //列数必须小于行数
10      return;
11    }
12    for(k=1;k<n;k++)                              //初始化边界条件
13    {
14      a[k][1]=1;
15      a[k][k]=1;
16    }
17    for(k=2;k<=n;k++)                             //控制递推
18    {
19      for(j=2;j<=k-1;j++)
20      {
21        a[k][j]=a[k-1][j-1]+a[k-1][j];           //递推关系
22      }
23    }
24    printf("%d\n", a[n][m]);
25  }
```

程序中第 12～16 行初始化边界条件, 第 17、19 行控制递推过程, 第 21 行是递推关系。

**d　时间复杂度分析**

本程序时间复杂度数量级为 $O(n^2)$。

e 空间复杂度分析

本程序设置 1 个二维数组，复杂度为 $O(N^2)$。

B 解法 2（腾挪）

a 算法思想

用一维数组 a[j] 表示某行第 j 列的元素值。

如第 5 行元素分别为 a[1]=1，a[2]=4，a[3]=6，a[4]=4，a[5]=1；则第 6 行，从最右边元素开始，a[6]=1，a[5]=a[5]+a[4]=5，a[4]=a[4]+a[3]=10，a[3]=a[3]+a[2]=10，a[2]=a[2]+a[1]=5。

b 算法设计

（1）输入：行号 n，列号 m。

（2）输出：第 n 行第 m 列的值。

（3）递推关系：

$$a[j]=a[j]+a[j-1] \qquad (1<j<k) \qquad (3-12)$$

（4）递推结束条件：k=n+1，j=1。

c 程序实现

```
1   #include <stdio.h>              //c3_5_2
2   #define N 100
3   void main( )
4   {
5     int k, j, n, m, a[N];
6     scanf("%d%d", &n, &m);        //输入行号 n 列号 m
7     if(m>n)
8     {
9       printf("n 应大于 m\n");      //列数必须小于行数
10      return;
11    }
12    a[1]=1;                       //边界条件
13    for(k=1;k<=n;k++)             //控制
14    {
15      a[k]=1;                     //边界条件
16      for(j=k-1;j>1;j--)          //控制
17      {
18        a[j]=a[j]+a[j-1];         //腾挪
19      }
20    }
21    printf("%d\n", a[m]);
22  }
```

程序第 12、15 行是边界条件，第 16 行控制腾挪，第 18 行实施腾挪。

d 时间复杂度分析

本程序时间复杂度数量级为 $O(n^2)$。

e 空间复杂度分析

本程序设置 1 个一维数组，复杂度为 $O(N)$。

C　解法 3

a　算法思想

杨辉三角实际上是二项展开式各项的系数，即第 k+1 行的 k+1 个数分别是从 k 个元素中取 0，1，2，…，k 个元素的组合数 C(k,0)，C(k,1)，…，C(k,k)。

$$C(k,\ 0)=1$$

$$C(k,\ j)=\frac{k!}{j!(k-j)!}$$

$$C(k,\ j-1)=\frac{k!}{(j-1)!(k-(j-1))!}$$

$$C(k,\ j)/C(k,\ j-1)=\frac{(j-1)!(k-(j-1))!}{j!(k-j)!}=\frac{k-j+1}{j}$$

$$C(k,\ j)=\frac{k-j+1}{j}C(k,\ j-1) \tag{3-13}$$

b　算法设计

(1) 输入：行号 n，列号 m。

(2) 输出：C(n-1, m-1)。

c　程序实现

```
1   #include <stdio. h>              //c3_5_3
2   void main( )
3   {
4     int k, j, n, m, cnm;
5     scanf("%d%d", &n, &m);        //输入行号 n 列号 m
6     if(m>n)
7     {
8        printf("n 应大于 m\n");      //列数必须小于行数
9        return;
10    }
11    cnm=1;                         //c(n, 0)=1
12    for(j=1;j<=k;j++)
13       cnm=cnm*(k-j+1)/j;          //迭代
14         printf("%d\n", cnm);
15  }
```

程序第 12 行控制迭代，第 13 行进行迭代，第 14 行当已计算出第 n 行第 m 列的值，结束计算。

d　时间复杂度分析

本程序时间复杂度数量级为 O(m)。

e　空间复杂度分析

本程序设置 5 个简单变量，复杂度为 O(1)。

### 3.5.2.3　杨辉三角小结

本小节给出了杨辉三角的三种解法，三种方法的时间复杂度相同，但空间复杂度不同。当规模较小时，也可用递归方法求解，详见 4.5 节。

# 3.6 多关系分级递推及实施

## 3.6.1 多关系分级递推框架

当递推关系包含两个或两个以上关系时，通常使用多关系分级递推。多关系分级递推框架如下：

```
1  a[1]、a[2]、…、a[i-1]赋初值        //确定边界条件
2  for(k=i;k<=n;k++)                 //确定递推结束条件
3  {
4    if(<条件1>)
5      a[k]=<递推关系式1>;            //递推变量a，递推关系1
6    …
7    if(<条件m>)
8      a[k]=<递推关系式m>;            //递推关系m
9  }
10 打印a[n]
```

框架中，数组 a 是递推变量；顺推起点是 i，终点是 n，循环中根据不同的条件使用不同的递推公式。

## 3.6.2 多关系分级递推举例

### 3.6.2.1 多幂序列

A  问题描述

设 x、y、z 是非负整数，集合 $M=\{3^x, 5^y, 7^z \mid x \geq 0, y \geq 0, z \geq 0\}$ 的元素从小到大排列，求第 n 项。

B  解法

a  算法设计

（1）递推变量：一维数组元素 a[k] 存储第 k 项，u、v、w 分别是 3、5、7 的幂。

（2）输入：项数 n。

（3）输出：a[n]。

（4）边界条件：a[1]=1，u=3、v=5、w=7。

（5）递推关系：

$$a[k]=\min(u, v, w)$$
$$\text{if } a[k]=u, \ u=u \times 3$$
$$\text{if } a[k]=v, \ v=v \times 5$$
$$\text{if } a[k]=w, \ w=w \times 7 \tag{3-14}$$

（6）递推结束条件：k>n。

（7）测试用例见表3-4。

表3-4  多幂序列测试用例

| n | 1 | 2 | 3 | 4 | 5 | 6 | 7 | 8 | 9 | 10 | 11 | 12 |
|---|---|---|---|---|---|---|---|---|---|----|----|----|
| a[n] | 1 | 3 | 5 | 7 | 9 | 25 | 27 | 49 | 81 | 125 | 243 | 343 |

b 程序实现

```
1   #include <stdio. h>                        //c3_6_1
2   #define MAXN 100
3   int main( )
4   {
5     int n, k, a[MAXN]={0}, u, v, w;
6     scanf("%d", &n);                         //项数 n
7     a[1]=1;                                   //初始化
8     u=3, v=5, w=7;
9     for (k=2;k<=n;k++)                        //控制递推过程
10    {
11      a[k]=u<v? u:v;
12      a[k] = a[k]<w? a[k]:w;                  //求三个数的最小值
13      if(a[k]==u)                             //多关系分级递推关系
14        u=u*3;
15      if(a[k]==v)
16        v=v*5;
17      if(a[k]==w)
18        w=w*7;
19    }
20    printf("%d\n", a[n]);
21    return 0;
22  }
```

程序第 7、8 行初始化边界条件，第 9 行对递推过程进行控制，第 11~18 行是多关系分级递推关系。

c 时间复杂度分析

本程序时间复杂度数量级为 O(n)。

d 空间复杂度分析

本程序设置 1 个一维数组，复杂度为 O(MAXN)。

3.6.2.2 幸运数

A 问题描述

到太空旅行的游客都被发给一个整数作为游客编号。游客的编号如果只含有因子 3、5、7，就可以获得一份奖品。前 10 个幸运数是 3、5、7、9、15、21、25、27、35、45，因而第 11 个幸运数字是 49。小明领到了一个幸运数 num，请问这是第几个幸运数?

B 解法

a 算法思想

幸运数问题实际上是幂积序列 $3^x 5^y 7^z$ ($x \geq 0$, $y \geq 0$, $z \geq 0$, 且 $x+y+z \geq 1$) 问题。

b 算法设计

(1) 递推变量：一维数组元素 a[k] 存储第 k 项，x、y、z 分别存储 3、5、7 的指数。

(2) 输入：幸运数 num。

(3) 输出：项数 k。

(4) 边界条件：a[0]=1，x=0，y=0，z=0。

(5) 递推关系：

已经求出的规模为 0 的解为 1，求幂积序列 $3^x5^y7^z$ 的循环如下：

$a[k] = min(a[x]\times3, a[y]\times5, a[z]\times7)$

if $a[k] = a[x]\times3$     x++       // $a[x]$ 乘过 3 了，下次 $a[x+1]$ 乘 3

if $a[k] = a[y]\times5$     y++

if $a[k] = a[z]\times7$     z++                                       (3-15)

（6）测试用例见表 3-5。

表 3-5 幸运数测试用例

| k | 0 | 1 | 2 | 3 | 4 | 5 | 6 | 7 | 8 | 9 | 10 | 11 | 12 | 13 |
|---|---|---|---|---|---|---|---|---|---|---|---|---|---|---|
| a[k] | 1 | 3 | 5 | 7 | 9 | 15 | 21 | 25 | 27 | 35 | 45 | 49 | 63 | 75 |
| x | 0 | 1 | | 2 | 3 | 4 | | 5 | | 6 | | | 7 | 8 |
| y | 0 | | 1 | | 2 | | 3 | | 4 | 5 | | | | 6 |
| z | 0 | | | 1 | | 2 | | | 3 | | 4 | 5 | | |
| a[x]×3 | 3 | 9 | | | 15 | 21 | 27 | | 45 | | 63 | | 75 | 81 |
| a[y]×5 | 5 | | 15 | | | 25 | | 35 | | 45 | 75 | | | 105 |
| a[z]×7 | 7 | | | 21 | | | 35 | | | 49 | | 63 | 105 | |

### c 程序实现

```
1   #include <stdio.h>                          //c3_6_2
2   #define MAXN 100000
3   void main( )
4   {
5     __int64 num, k, a[MAXN]={0}, x, y, z;
6     scanf("%I64d", &num);                      //数 num
7     a[0]=1;                                     //初始化
8     x=0, y=0, z=0;
9     for(k=1;1;k++)
10    {
11      a[k]=a[x]*3<a[y]*5? a[x]*3:a[y]*5;
12      a[k]=a[k]<a[z]*7? a[k]:a[z]*7;            //求三个数的最小值
13      if(num<=a[k])                            //控制递推过程
14      {
15        if(num==a[k])                          //等于
16          printf("%I64d\n", k);
17        else
18          printf("不是幸运数\n");
19        break;
20      }
21      if(a[k]==a[x]*3)                         //多关系分级递推关系
22        x++;
23      if(a[k]==a[y]*5)
24        y++;
25      if(a[k]==a[z]*7)
26        z++;
27    }
28  }
```

程序第 7、8 行初始化边界条件，第 9、13 行对递推过程进行控制，第 21~26 行是多关系分级递推关系。

d   时间复杂度分析

本程序时间复杂度数量级为 $O(n)$。

e   空间复杂度分析

本程序设置 1 个一维数组，复杂度为 $O(MAXN)$。

## 3.7   递推小结

本章讲述了几种常见的递推模式及框架，寻找递推关系是重点和难点。

一般递推问题都可以用迭代实现，递推往往需设置数组，迭代只需设置迭代的简单变量。数组由于带有下标，其推出过程比迭代清晰。

递推算法与其他算法关系密切。

当问题规模不大时，递推可以用递归算法实现，但由于递归算法需要使用栈，所以其效率比递推低。

动态规划算法常常使用递推实现，详见第 7 章。

## 3.8   习题 3

（1）填空题：

给定数列 1，1，1，3，5，9，17，…，从第 4 项开始，每项都是前 3 项的和。求第 20202020 项的最后 4 位数字是_____。

（2）问答题：

递推如何实施？

（3）算法设计题：

1）有 5 个海盗，相约进行一次帆船比赛。比赛中天气发生突变，他们被冲散了。恰巧，他们都先后经过途中的一个无名的荒岛，并且每个人都信心满满，觉得自己是第一个经过该岛的人。

第一个人在沙滩上发现了一堆金币。他把金币分成 5 等份。发现刚好少一个金币。他就从自己口袋拿出一个金币补充进去，然后把属于自己的那份拿走。

第二个到达的人也看到了金币，他也和第一个人一样，把所有金币 5 等分，发现刚好缺少一个金币，于是自己补进去一个，拿走了属于自己的那份。

第三人，第四人，第五人的情况一模一样。

等他们到了目的地，都说自己的情况，才恍然大悟，一起去荒岛找金币，然而再也没有找到荒岛。他们都惋惜地说：岛上还有一千多枚金币呢！

请推算荒岛上最初有多少金币？

2）任意给定一个正整数 N，如果是偶数，执行：N/2；如果是奇数，执行：N*3+1。生成的新的数字再执行同样的动作，循环往复。通过观察发现，这个数字会一会儿上升到很高，一会儿又降落下来。就这样起起落落的，但最终必会落到"1"，这有点像小冰雹粒子在冰雹云中翻滚增长的样子。比如 N=9：

9, 28, 14, 7, 22, 11, 34, 17, 52, 26, 13, 40, 20, 10, 5, 16, 8, 4, 2, 1

可以看到, N=9 时, 这个"小冰雹"最高冲到了 52 这个高度。

输入格式：一个正整数 N（N<1000000）。

输出格式：一个正整数, 表示不大于 N 的数字, 经过冰雹数变换过程中, 最高冲到了多少。

例如, 输入：

10

程序应该输出：

52

再例如, 输入：

100

程序应该输出：

9232

# 4 递 归

扫一扫免费获取
代码及课件

## 4.1 递归概述

求解问题所需要的时间与问题的规模密切相关。通常问题的规模越小，求解难度越低，所需要的时间也越少。例如，对 n 个数据求最大值问题，当 n 的值为 1 时，不需要任何计算，直接可得最大值；当 n 的值为 2 时，需要进行一次比较；n 的值为 3 时，需要进行两次比较；依此类推，需要进行比较的次数为 n-1。当 n 的值较大时，需要进行比较的次数也相应增多。对 n 个数据进行排序的算法，需要执行的比较次数也与问题规模 n 的大小密切相关。当问题的规模较大时，相应算法的时间复杂度、直接求解的难度也随之增加。

解决这一问题的一个直观思路是设法将问题的规模缩小，这就是分治法的思想，即将一个规模较大的问题分解成若干个规模较小且与原问题相同的子问题，然后分别对子问题进行求解，分而治之，分治法的名称由此而得。由分治法产生的子问题与原问题描述一致，只是问题的规模变小，在这种情况下，反复应用分治方法，能够使得子问题与原问题类型一致而规模不断缩小，最终子问题规模缩小到容易直接求解时，就能够很容易求出问题的解。

分治求解的过程是一种递归的过程。直接或间接地调用自身的算法称为递归算法。用函数自身给出定义的函数称为递归函数。递归的基本思想是把规模较大的问题转化为规模较小的相似的子问题。因为问题的相似性，在具体实现过程中，求解较大问题的思路方法与求解小问题的思路方法是相同的，就出现了函数调用它自身的情况。

使用递归策略只需要用少量的程序语句描述出算法中大量的重复计算，可使程序代码量减少，递归程序具有简洁明了的特征。

递归的核心思想是将原始问题分解成规模更小且与具有与原问题相同形式的子问题，除此之外，还需要有一个控制递归结束的出口，具备这两个条件的问题，才可以用递归算法解决。能用递归算法的解决的问题必须具备以下两个条件：一是可以通过递归调用缩小问题的规模，且子问题与原问题具有相同的形式；二是必须有一个明确的控制递归结束的条件，即存在一种简单情境使得递归能够退出。

如果没有控制递归结束的条件，则递归调用将无休止进行，使得程序陷入"无限递归"的状态。为避免出现这种情况，在递归算法中要明确递归终止的条件。在使用递归函数实现递归算法时，需判断是否满足终止条件，如果满足则不再递归调用，逐层返回；如果不满足终止条件，则继续递归调用。递归终止条件通常称为边界条件。

**例 4-1** 用递归法求阶乘值 n!。

求阶乘值的问题是一个典型的递归问题，它的函数定义如下：

$$n! = \begin{cases} 1 & n=1 \\ n(n-1)! & n>1 \end{cases} \tag{4-1}$$

当 n>1 时，n! =n(n-1)!，阶乘值的定义就是一种递归定义，在定义 n 的阶乘值时使用了 n-1 的阶乘值。按照这个递归定义，求一个大于 0 的整数 n 的阶乘值，就可以转换成求 n-1 的阶乘值，而求 n-1 的阶乘值又可以递归转换成求 n-2 的阶乘值，依此类推，直至求出 1 的阶乘。n 的值是否等于 1 即为求阶乘问题的边界条件。

$$4! = 4 \times (4-1)! = 4 \times 3!$$
$$3! = 3 \times (3-1)! = 3 \times 2!$$
$$2! = 2 \times (2-1)! = 2 \times 1!$$

1! =1；此时边界条件成立，可以求出 1 的阶乘值为 1，返回可求出 2 的阶乘，逐层返回，直至求出 n 的阶乘。

根据定义，很容易写出求阶乘值的递归函数，用一个简单的主函数调用递归函数，实现求 4 的阶乘值。

```
1   #include <stdio. h>                    //c4_1_1
2   long fac( int n)                       //求阶乘值的递归函数
3   {  long s;
4      if ( n = = 1)                        //边界条件
5         s = 1;
6      else
7         s = n * fac( n-1);               //递归调用
8      return s;
9   }
10  int main( )
11  {
12     long f;
13     int n;
14     n = 4;                              //也可以换成输入函数
15     f = fac( n);                        //调用递归函数
16     printf( "%d! = %ld\n", n, f);
17     return 0;
18  }
```

主函数中第 15 行调用函数 fac，n 的值为 4；在 fac 函数中第 7 行执行 s=n×fac(n-1)，即 s=4×fac(3)，这条语句调用 fac(3)，fac(3)函数调用过程中，执行 s=3×fac(2)，调用 fac(2)，fac(2)函数调用过程中，执行 s=2×fac(1)，调用 fac(1)，此时边界条件（第 4 行）成立，不再继续递归调用，开始逐层返回主调函数。fac(1)的函数返回值为 1，所以 fac(2)的函数值为 2×1，即为 2；继续返回上一层调用，fac(3)的函数值为 3×2=6，将 fac(3)函数值返回至上一层，得 fac(4)的函数值为 4×6=24，最后返回到主函数。

**例 4-2** Fibonacci 数列

无穷数列 1，1，2，3，5，8，13，21，34，55，…称为 Fibonacci 数列。观察以上数列，可以分析出，该数列的第 1 项、第 2 项的值为 1，从第 3 项开始，其值为前面两项之和，如第 3 项的值为 2，等于第 2 项与第 1 项之和；第 4 项的值为 3，等于第 3 项与第 2 项之和。即从第 3 项开始，第 n 项的值等于第 n-1 项与第 n-2 项值之和。从以上分析可看出，Fibonacci 数列可用如下递归方式定义：

$$F(n)=\begin{cases}1 & n=1 \\ 1 & n=2 \\ F(n-1)+F(n-2) & n>2\end{cases} \qquad (4-2)$$

分析以上递归定义，边界条件即为 $n \leq 2$。可写出如下递归函数：

```
long fibonacci (int n)
{
  return n < 3? 1 : fibonacci (n-1) + fibonacci (n-2);
}
```

这个函数很直观地反映了 Fibonacci 数列的递归特点，相应的程序语句简洁明了。

**例 4-3**　阿克曼函数。

阿克曼（Ackerman）函数 $A(n, m)$ 定义如下，该函数有两个参数 n、m，且满足：$n \geq 0$、$m \geq 0$。

$$A(n, m)=\begin{cases}2 & n=1 \text{ 且 } m=0 \\ 1 & n=0 \text{ 且 } m \geq 0 \\ n+2 & n \geq 2 \text{ 且 } m=0 \\ A(A(n-1, m), m-1) & n, m \geq 1\end{cases} \qquad (4-3)$$

当一个函数的函数值以及它的一个变量都由函数自身递归定义时，这个函数称为双递归函数。阿克曼函数就属于双递归函数。

从以上函数定义可以看出，阿克曼函数的边界条件即为定义公式中非递归公式的条件，一共有三个边界条件，分别为 n 的值等于 1 同时 m 的值等于 0，n 的值等于 0 同时 m 的值大于等于 0，n 的值大于等于 2 同时 m 的值等于 0，除以上三个条件之外，都需要递归调用函数。可写出如下递归函数实现求阿克曼函数值。

```
int Ackerman( int n, int m)
{
  if ( n = = 1&&m = = 0)
    return 2;
  if ( n = = 0&&m > = 0)
    return 1;
  if ( n > = 2&&m = = 0)
    return n+2;
  return Ackerman( Ackerman( n-1, m), m-1);
}
```

从以上例子可以看出，用递归算法解决问题时，除了要满足两个条件之外，在编写递归函数时，要把对简单情境的判断写在递归函数最前面，以保证在函数调用过程中判断出满足简单情境时能够及时中止递归。

## 4.2　递归框架及实施步骤

### 4.2.1　递归框架

递归算法的设计方法包括以下两点：将对原始问题的求解设计成包含对子问题求解的形式，且子问题与原始问题形式相同；设计递归出口。

递归的一般框架可表示为：

```
1  函数返回值类型  func(参数类型 n)
2  {                        //参数 n 通常用于描述问题的规模,根据实际情况也可能有多个参数
3    if( endCondition )     //endCondition 表示边界条件,如边界条件成立,表示递归结束
4    {
5      constExpression      //直接求解表达式:在结束条件下能够直接计算返回值的表达式
6      return exp1;         //返回边界条件下相应的值,这里为递归函数的出口
7    }
8    //若不满足边界条件,则首先缩小问题的规模,再递归调用
9    accumrateExpreesion    //不满足结束条件下的子问题的处理
10   n = expression         //缩小问题规模,通常是对参数进行某个计算
11   exp1 = func( n )       //递归调用自身
12   return exp1;           //递归调用之后返回某个计算结果
13 }
```

以上给出的是一般模式下的递归框架，实际设计过程中，并非一成不变，需要根据具体问题具体分析，设计合适的参数、边界条件、返回值求解。有的时候，递归调用和返回值的语句也可以合并为一条语句。

### 4.2.2  递归实施步骤

用递归算法解决问题，常用的实施步骤包括：

（1）问题分解。将原始问题分解成子问题，子问题与原始问题具有相同的形式，子问题的规模小于原始问题的规模。问题分解过程实际上要明确递归函数要实现什么功能。

（2）形成递归表达式。分析原始问题与子问题之间的关系，得出递归表达式。子问题的规模不断缩小，在递归算法实现中通常是缩小递归函数的参数，缩小之后，通过相应的操作使得函数的描述不变。这一步骤的关键是找到原始问题的一个等价关系，这一步也是递归算法设计中最困难的一个步骤。

（3）给出边界条件。为保证递归算法有正常的出口，避免出现无穷递归的情况，要给出明确的边界条件，当问题满足边界条件时，不再执行递归调用，返回至相应的主调函数。边界条件实际上是给出递归结束（退出）的条件，引导递归调用正常结束，返回相应的结果。

递归算法常用于解决如下几类问题：

（1）数据的定义是以递归形式定义的。

（2）问题的求解过程是以递归算法实现的。

（3）数据结构的形式是以递归方式定义的。

# 4.3  汉诺塔（Hanoi）问题

### 4.3.1  问题描述

有 A、B、C 三根柱子，开始时，A 柱上有一叠圆盘，圆盘个数为 n 个，这 n 个圆盘按照由大到小、自下而上的规律叠放，即最大的圆盘放在最下面，最小的圆盘放在最上面。为方便描述，圆盘按照从小到大的方式进行编号，最上面的圆盘编号为 1，最下面的

圆盘编号为 n。游戏要求将 A 柱上的圆盘移到 B 柱上，移动规则为：

（1）每次只能移动一个圆盘。

（2）移动过程中，不允许出现较大的圆盘放在较小圆盘之上的情况。

（3）满足前两个规则的前提下，圆盘可以移至 A、B、C 三根柱子中任意一根柱子上。

求 n 个圆盘从 A 柱移动到 B 柱上的移动过程，以及总的移动次数。

### 4.3.2　算法思想

当圆盘的数量 n 比较小的时候，问题相对简单。如只有一个圆盘时，直接将它从 A 柱移动到 B 柱子上即可。如有两个圆盘，因为移动规则限制一次只能移动一个盘子，且要保持从小到大的有序性，则需要借助柱子 C 完成移动。移动过程为：先将圆盘 1 从 A 柱移动到 C 柱，再将圆盘 2 从 A 柱移动到 B 柱子，最后将圆盘 1 从 C 柱移动到 B 柱。两个圆盘的汉诺塔移动过程可表示为：A ——→C，A ——→B，C ——→B。

当圆盘数量较大时，使用递归思想进行分析。递归策略是将原始问题分解成规模较小的子问题，且子问题与原始问题形式相同。基本思想为：（1）将上层 n−1 圆盘看成一个整体，当作一个圆盘，编号为（n−1）；（2）再把编号为（n−1）的圆盘与编号为 n 的圆盘一起看成是由 2 个圆盘构成的汉诺塔问题。两个圆盘的汉诺塔实现移动，相应的操作为：先将（n−1）个圆盘从 A 柱移动到 C 柱，再将编号为 n 的圆盘从 A 柱移动到 B 柱子，最后将（n−1）个圆盘从 C 柱移动到 B 柱。这样就将 n 个圆盘的汉诺塔转换为（n−1）个圆盘的汉诺塔问题。其中（n−1）个圆盘从一个柱子移动到另一个柱子上，这个问题与 n 个圆盘的移动具有相同的形式，满足递归算法的要求。

汉诺塔的圆盘移动过程可表示为以下 3 个步骤：

（1）把上层编号为（n−1）的圆盘看成一个整体，从 A 柱移动到 C 柱，此时 B 柱为辅助柱子。

（2）把编号为 n 的圆盘从 A 柱移到 B 柱。

（3）再把 C 柱上编号为（n−1）的圆盘移动到 B 柱，此时 A 柱为辅助柱子。

将 n 个圆盘的移动分解为两次（n−1）个圆盘的移动，再设法将一次（n−1）个圆盘的移动分解成两次（n−2）个圆盘的移动……一直到只有一个圆盘时直接移动即可。可以看出，子问题的规模是逐步缩小的，边界条件即为圆盘的数量为 1。

### 4.3.3　算法设计

（1）输入：圆盘个数 n。

（2）输出：移动过程，总的移动次数。

（3）递归关系：汉诺塔问题需要以下关键信息：圆盘的数量、起始柱子编号、目标柱子编号、辅助柱子编号，这些信息在相应的递归函数中以参数形式表示，可设计汉诺塔问题的递归算法 hanoi( int n, char from, char to, char temp)，其中 n 是圆盘个数，from 表示起始柱子，to 表示目标柱子，temp 表示辅助柱子，n 个圆盘的移动过程可分解为：

```
hanoi(n−1, from, temp, to);        //将 n−1 个圆盘从 from 移到 temp,借助 to
move(from, to);                    //将 1 个圆盘从 from 移到 to
hanoi(n−1, temp, to, from);        //将 n−1 个圆盘从 temp 移到 to,借助 from
```

当 n=3 时，汉诺塔算法的执行过程如图 4-1 所示，实线表示深一层调用，虚线表示调用返回，点划线表示程序执行，箭头表示调用及返回的执行顺序：

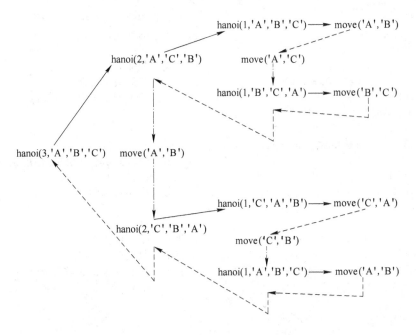

图 4-1  hanoi 的递归执行过程

（4）边界条件：n=1，move(from, to)，当只有 1 个圆盘时，直接将圆盘从 from 移到 to。

（5）测试用例见表 4-1。

表 4-1  汉诺塔测试用例

| 输入 | 输 出 |
|---|---|
| 1 | A ⟶ B<br>1 |
| 2 | A ⟶ C  A ⟶ B  C ⟶ B<br>3 |
| 3 | A ⟶ B  A ⟶ C  B ⟶ C  A ⟶ B  C ⟶ A  C ⟶ B  A ⟶ B<br>7 |
| 4 | A ⟶ C  A ⟶ B  C ⟶ B  A ⟶ C  B ⟶ A  B ⟶ C  A ⟶ C  A ⟶ B  C ⟶ B  C ⟶ A<br>B ⟶ A  C ⟶ B  A ⟶ C  A ⟶ B  C ⟶ B<br>15 |
| 5 | A ⟶ B  A ⟶ C  B ⟶ C  A ⟶ B  C ⟶ A  C ⟶ B  A ⟶ B  A ⟶ C  B ⟶ C  B ⟶ A<br>C ⟶ A  B ⟶ C  A ⟶ B  A ⟶ C  B ⟶ C  A ⟶ B  C ⟶ A  B ⟶ A  C ⟶ B  A ⟶ B<br>B ⟶ C  B ⟶ A  C ⟶ A  C ⟶ B  A ⟶ B  A ⟶ C  B ⟶ C  A ⟶ B  C ⟶ A  C ⟶ B<br>A ⟶ B<br>31 |

### 4.3.4　程序实现

```
1   #include <stdio. h>                              //c4_3_1
2   long s=0;                                        //初始化移动次数为0
3   void move( char from, char to)                   //将1个圆盘从from移到to
4   {
5     s++;                                           //移动次数加1
6     printf( "%c-->%c", from, to);                  //打印从圆盘从from移到to
7     if( s%10= =0)                                  //如果打印了10次操作,则换行
8       printf( "\n");
9   }
10  void hanoi( int n, char from, char to, char temp)
11  {                                                //将n个圆盘从from移至to,借助temp
12    if( n= =1)                                     //边界条件,只有1个圆盘
13      move( from, to);                             //将圆盘从from移到to
14    else
15    {
16      hanoi( n-1, from, temp, to);                 //将n-1个圆盘从from移到temp,借助to
17      move( from, to);                             //将1个圆盘从from移到to
18      hanoi( n-1, temp, to, from);                 //将n-1个圆盘从temp移到to,借助from
19    }
20  }
21  void main( )
22  {
23    int n;
24    scanf( "%d", &n);                              //输入圆盘个数
25    hanoi( n,'A','B','C');                         //调用递归函数
26    if( s%10! =0)                                  //当移动次数不是10的倍数时换行
27      printf( "\n");
28    printf( "%ld\n", s);                           //打印总的移动次数
29  }
```

第3~9行子函数 move 的功能是将移动次数加1,并将 from 柱子上的圆盘移动到柱子 to 上;第10~20行子函数 hanoi 将 n 个圆盘从 from 移至 to,借助 temp,第12行是递归的边界条件,此时柱子 from 上只有一个圆盘,move 操作只需要给出起始柱子编号和目标柱子编号,不需要其他信息;第16~18行为其他情况时的三组操作;主函数负责输入圆盘个数、调用子函数及输出总的移动次数。

### 4.3.5　时间复杂度分析

汉诺塔问题中圆盘的数量 n 即为问题的规模,基本操作为一个盘子的移动,即 move 操作。统计汉诺塔问题中圆盘的移动次数:圆盘数量为1,即 n=1 时,移动一次;圆盘数量为2时,需要移动3次。根据前面的分析可知,n 个圆盘的汉诺塔问题的移动可以分解为三步,其中包含了两次 n-1 个圆盘的移动,1次1个圆盘的移动。

设 n 个圆盘的汉诺塔移动次数为 $f(n)$,则 n-1 个圆盘的汉诺塔移动次数为 $f(n-1)$,即有如下公式成立:$f(n)=2f(n-1)+1$,初始条件为 $f(1)=1$。

对这个递推公式进行推导求解:

$$f(n)=2f(n-1)+1=2^2f(n-2)+2+1=\cdots$$

$$= 2^{n-1}f(1) + 2^{n-2} + \cdots + 2 + 1$$
$$= 2^{n-1} + 2^{n-2} + \cdots + 2 + 1$$
$$= \sum_{i=0}^{n-1} 2^i$$
$$= 2^n - 1 \qquad\qquad (4-4)$$

汉诺塔问题看似比较简单，实际上当圆盘的数量 n 较大时，圆盘的移动次数是一个天文数字。从以上推导过程可知，汉诺塔问题的时间复杂度为 $O(2^n)$。

### 4.3.6 空间复杂度分析

程序中仅设置了简单变量，空间复杂度为 $O(1)$。

### 4.3.7 其他解法

当汉诺塔问题只需求移动总次数时，也可以使用递推法和迭代法求解。

#### 4.3.7.1 递推法

A  算法思想

用数组 a 存放圆盘的移动次数，n 个圆盘的移动次数为 a[n]。

当圆盘数为 1 时，直接将圆盘从 A 柱移到 B 柱，需移动 1 次，a[1]=1。

当圆盘数为 2 时，先将上层 1 个圆盘从 A 柱移到 C 柱（1 次），然后将最下面的圆盘从 A 柱移到 B 柱（1 次），最后将 C 柱上的 1 个圆盘移到 A 柱（1 次），共需 3 次，a[2]=3=a[1]+1+a[1]=2a[1]+1。

当圆盘数为 3 时，先将上层 2 个圆盘从 A 柱移到 C 柱（3 次），然后将最下面的圆盘从 A 柱移到 B 柱（1 次），最后将 C 柱上的 2 个圆盘移到 A 柱（3 次），共需 7 次，a[3]=7=a[2]+1+a[2]=2a[2]+1。

......

当圆盘数为 n 时，先将上层 n-1 个圆盘从 A 柱移到 C 柱（a[n-1]次），然后将最下面的圆盘从 A 柱移到 B 柱（1 次），最后将 C 柱上的 n-1 个圆盘移到 A 柱（a[n-1]次），a[n]=a[n-1]+1+a[n-1]=2a[n-1]+1。

B  算法设计

（1）输入：圆盘个数 n。

（2）输出：总的移动次数。

（3）递推变量：数组 a。

（4）边界条件：a[1]=1。

（5）递推关系：a[n]=2a[n-1]+1 $\qquad\qquad (4-5)$

（6）递推结束条件：k>n。

C  程序实现

```
1   #include <stdio. h>              //c4_3_2
2   #define MAXN 100
3   void main( )
4   {
5     int k, n;
```

```
6    long a[MAXN];
7    scanf("%d", &n);                    //输入圆盘个数
8    a[1]=1;                             //边界条件
9    for(k=2;k<=n;k++)                   //递推结束条件 n
10     a[k]=2*a[k-1]+1;                  //递推关系
11   printf("%ld\n", a[n]);             //打印总的移动次数
12 }
```

程序第 8 行初始化边界条件，第 9 行对递推过程进行控制，第 10 行是递推关系。

D　时间复杂度分析

本程序时间复杂度数量级为 O(n)。

E　空间复杂度分析

本程序设置 1 个一维数组，复杂度为 O(MAXN)。

### 4.3.7.2　迭代法

A　算法思想

迭代法算法思想同递推法，因为只需要输出总的移动次数，不用输出中间结果，所以可以用一个简单变量 $a_1$ 来存放圆盘的移动次数。

已知规模为 1 的解 $a_1$，递推关系为 $a_n = 2a_{n-1}+1$。设 $a_1$ 为迭代变量，若 $a_1$ 表示 k 个盘子的移动次数，则 k+1 个盘子的移动次数为 $2a_1+1$。

B　算法设计

（1）输入：圆盘个数 n。

（2）输出：总的移动次数。

（3）循环：

$$a_1 = 2a_1 + 1 \tag{4-6}$$

（4）循环结束条件：k>n。

C　程序实现

```
1  #include <stdio. h>                  //c4_3_3
2  void main( )
3  {
4    int k, n;
5    long a1=1;                         //边界条件
6    scanf("%d", &n);                   //输入圆盘个数
7    for(k=2;k<=n;k++)                  //循环结束条件 n,控制迭代次数
8      a1=2*a1+1;                       //迭代
9    printf("%ld\n", a1);              //打印总的移动次数
10 }
```

程序第 8 行使用变量 $a_1$ 进行迭代。

D　时间复杂度分析

本程序时间复杂度数量级为 O(n)。

E　空间复杂度分析

本程序设置 3 个简单变量，复杂度为 O(1)。

### 4.3.8　汉诺塔问题小结

本小节给出了汉诺塔问题的几种解法，对于计数求解，递推和递归两种方法都可以实

现；但要展示移动过程时，只能使用递归法；使用递归求解时，数据要不断地进栈出栈，且存在大量的重复计算，其求解效率低于递推，递归深度 n 值过大时，递归法的求解将比较困难。

# 4.4 数　　阵

## 4.4.1 问题描述

设方阵规模为 n 行 n 列，将 1，2，…，$n^2$ 这些整数按照一定的规律填入方阵中，数据放置规则为：从方阵的左上角开始，按照一定的螺旋旋转方向从外层至内层依次填写，旋转方向为顺时针时，所得方阵称为 n 阶顺转方阵；反之，若旋转方向为逆时针，所得方阵称为 n 阶逆转方阵。6 阶顺转方阵和 6 阶逆转方阵如图 4-2 所示。

| 1 | 2 | 3 | 4 | 5 | 6 |
|---|---|---|---|---|---|
| 20 | 21 | 22 | 23 | 24 | 7 |
| 19 | 32 | 33 | 34 | 25 | 8 |
| 18 | 31 | 36 | 35 | 26 | 9 |
| 17 | 30 | 29 | 28 | 27 | 10 |
| 16 | 15 | 14 | 13 | 12 | 11 |

| 1 | 20 | 19 | 18 | 17 | 16 |
|---|---|---|---|---|---|
| 2 | 21 | 32 | 31 | 30 | 15 |
| 3 | 22 | 33 | 36 | 29 | 14 |
| 4 | 23 | 34 | 35 | 28 | 13 |
| 5 | 24 | 25 | 26 | 27 | 12 |
| 6 | 7 | 8 | 9 | 10 | 11 |

图 4-2　6 阶旋转方阵

## 4.4.2 算法思想

以 6 阶顺转方阵为例进行分析，观察该方阵的结构，整个方阵为 6×6，从左上角开始顺时针依次填入，起始数字为 1，最后一个数字为 36。将 6×6 方阵的外围边框删掉，即将第 1 行、第 6 行、第 1 列、第 6 列的数据删除，得到的是一个 4×4 的方阵。这个 4×4 的方阵同样也是一个顺转方阵，起始数字为 21。同样将 4×4 方阵的外围边框删掉，得到的是一个 2×2 的方阵，2×2 的方阵也是一个顺转方阵，起始数字为 33。通过以上分析可知，n 阶顺转方阵，去掉外围一圈的数字，可以得到一个 n-2 阶的顺转方阵，除了起始数字不同之外，顺转方阵的规模变小了，满足递归算法的基本条件。

对于偶数阶顺转方阵，方阵规模逐步缩小，直至 2 阶顺转方阵，此时 n-2 的值为 0，即为递归的边界条件。若顺转方阵为奇数阶，递归处理时最终规模缩小至 1 阶，此时只需要填入一个数据。由此可得，n 阶顺转方阵的递归边界条件是方阵规模为 0 或者 1。

逆转方阵的算法思路与顺转方阵类似，只是在填写外围一圈数字时，所填写顺序依次为：从上至下填写左边框，从左至右填写下边框，从下至上填写右边框，从右至左填写上边框。逆转方阵也可以由顺转方阵转置得到。

## 4.4.3 算法设计

（1）已知条件：方阵阶数 n。

（2）输出：顺转方阵及逆转方阵。

（3）数据存储方式：二维数组 a。

（4）递归关系：观察方阵中数字的规律，可以从外层向里层填数。对于顺转方阵，先填写最外层的一圈数字，填写完毕之后，方阵规模减 2，再将外层数字填上，直至满足递归结束条件。

对于一个方阵填写最外层一圈数字的算法，涉及的信息包括方阵的起始位置、方阵的规模（阶数）。可设计一个递归函数 fill(i, n) 实现为方阵的外围一圈四条边上的各个元素赋值的功能；其中 i 表示圈数，初始值为 1，每填完一圈则 i 的值加 1；n 为方阵的阶数，填完一圈则 n 的值减 2，方法如下：

1）填充第 i 圈；

2）递归调用 fill(i+1, n−2)。

以 6 阶顺转方阵为例，将最外层一圈数字填写过程分为 A、B、C、D 四个区域，n =6，A 区域为数字 1~5，即从左至右填写上边框；B 区域为数字 6~10，即从上至下填写右边框；C 区域为数字 11~15，即从右至左填写下边框；D 区域为数字 16~20，即从下至上填写左边框。每个区域需要填写的数字个数为 n−1 个，填写区域 A 时行下标不变列下标加 1，填写区域 B 时列下标不变行下标加 1，填写区域 C 时行下标不变列下标减 1，填写区域 D 时列下标不变行下标减 1。

（5）边界条件：

1）当阶数 n≤0 时，结束填充。

2）当阶数 n =1 时，直接填充 a[i][i]。

（6）测试用例见表 4-2。

表 4-2　数阵测试用例

| 输入 | 输出 | 输入 | 输出 |
|---|---|---|---|
| 6 | 1　2　3　4　5　6<br>20　21　22　23　24　7<br>19　32　33　34　25　8<br>18　31　36　35　26　9<br>17　30　29　28　27　10<br>16　15　14　13　12　11<br>\* \* \* \* \* \* \* \* \* \*<br>1　20　19　18　17　16<br>2　21　32　31　30　15<br>3　22　33　36　29　14<br>4　23　34　35　28　13<br>5　24　25　26　27　12<br>6　7　8　9　10　11 | 7 | 1　2　3　4　5　6　7<br>24　25　26　27　28　29　8<br>23　40　41　42　43　30　9<br>22　39　48　49　44　31　10<br>21　38　47　46　45　32　11<br>20　37　36　35　34　33　12<br>19　18　17　16　15　14　13<br>\* \* \* \* \* \* \* \* \* \* \* \* \*<br>1　24　23　22　21　20　19<br>2　25　40　39　38　37　18<br>3　26　41　48　47　36　17<br>4　27　42　49　46　35　16<br>5　28　43　44　45　34　15<br>6　29　30　31　32　33　14<br>7　8　9　10　11　12　13 |

### 4.4.4　程序实现

```
1   #include <stdio. h>                          //c4_4_1
2   #define N 20
3   int a[N][N], m=1;
4   void fill(int i, int n)
5   {
6     int u=i, v=i, j;                            //横坐标 u, 列坐标 v, j 用于计数
7     if(n<=0)                                    //边界条件
8       return;
9     if(n==1)                                    //边界条件
10      a[i][i]=m;
11    for(j=1;j<=n-1;j++)                         //从左到右填充
12      a[u][v++]=m++;
13    for(j=1;j<=n-1;j++)                         //从右上到右下填充
14      a[u++][v]=m++;
15    for(j=1;j<=n-1;j++)                         //从右到左填充
16      a[u][v--]=m++;
17    for(j=1;j<=n-1;j++)                         //从下向上填充
18      a[u--][v]=m++;
19    fill(i+1, n-2);                             //递归调用
20  }
21  void main( )
22  {
23    int i, j, n;
24    scanf("%d", &n);                            //输入阶数
25    fill (1, n);                                //填充
26    for(i=1;i<=n;i++)
27    {
28      for(j=1;j<=n;j++)                         //打印顺转方阵
29        printf("%4d", a[i][j]);
30      printf("\n");
31    }
32    for(i=1;i<=4*n+2;i++)                       //打印分隔线
33      printf(" * ");
34    printf("\n");
35    for(i=1;i<=n;i++)
36    {
37      for(j=1;j<=n;j++)                         //打印逆转方阵
38        printf("%4d", a[j][i]);
39      printf("\n");
40    }
41  }
```

　　子函数 fill 第 7~10 行是边界条件;第 11~18 行分别实现从左到右、从右上到右下、从右到左、从下到上填充,每个方向填充 n-1 个数,坐标 u, v 做相应变化;第 19 行递归调用子函数 fill,圈数 i 加 1,阶数 n 减 2。

　　主函数第 25 行调用子函数 fill。

### 4.4.5　时间复杂度分析

　　本程序的时间复杂度数量级为 $O(n^2)$。

### 4.4.6 空间复杂度分析

本程序设置了二维数组 a，复杂度为 $O(N^2)$。

### 4.4.7 数阵小结

本节使用递归法填充数阵，设计关键在于观察寻找递归关系和边界条件。

## 4.5 取球问题

### 4.5.1 问题描述

在 n 个不同的小球中取出 m 个球，不放回，统计一共有多少种的不同的取法。

### 4.5.2 算法思想

这个问题是一个组合问题，可以用组合公式直接求解。

$$C_n^m = \frac{n!}{m!(n-m)!} \qquad\qquad (4-7)$$

取球问题的本质是求组合数（杨辉三角）。可将问题进行扩展，列出所有不同组合形式。在 3.5 节中给出了三种解法，当规模较小时，可以用递归算法求解。

递归算法的关键是将原始问题分解成子问题，且子问题与原问题结构相同。下面先用一个简单的例子说明取球问题如何进行递归分解。求在 5 个不同的球中取出 3 个有多少种不同的取法。为方便描述，5 个球分别用 A，B，C，D，E 进行编号，可以列出所有的取球方式为：

C D E；B D E；A D E；B C E；A C E；A B E；

B C D；A C D；A B D；A B C

一共是 10 种取法。假设 E 球的颜色与众不同，故可将上述取球方案分为两个部分，第 1 行为包含 E 球的取球方案，第 2 行为不包含 E 球的取球方案；其中，包含 E 球的取球方案中，确定 E 球一定要选取，则问题可以转化为在除 E 球之外的 4 个球中，选取 2 个球，即在 A、B、C、D 四个球中，选取 2 个球的不同取法。不包含 E 球的取球方案中，确定 E 球一定不选取，则问题转化为在除 E 球之外的 4 个球中，选取 3 个球，即在 A、B、C、D 四个球中，选取 3 个球的不同取法。这样就将从 5 个球中取 3 个这个原始问题，分解成从 4 个球中取 2 个、从 4 个球中取 3 个两个子问题，且子问题与原始问题结构是相同的，都可以表述成从 n 个球中选取 m 个球，有多少种不同的取法。

将问题推广为从 n 个球中取 m 个球的情形，将 n 个球中任意一个球视为与众不同的，称其为特殊球，那么取球方法按照是否包含特殊球可分为两个部分：一部分是包含特殊球的，另一部分是不包含特殊球的。从 n 中取 m 个球的情况这一问题就转化为两个子问题：一个是从 n-1 个球中取 m-1 个球（包含特殊球的情况），另一个是从 n-1 个球中取 m 个球（不包含特殊球的情况），原始问题的解为两个子问题的解之和。逐层递归进行推导：

从 n-1 个球中取 m 个球可转化为从 n-2 个球中取 m 个球、从 n-2 个球中取 m-1

个球；

从 n-1 个球中取 m-1 个球可转化为从 n-2 个球中取 m-1 个球、从 n-2 个球中取 m-2 个球；

......

可以发现，问题的规模在不断缩小。

下面分析递归的边界条件，当出现以下三种情况之一时，递归可以结束：

（1）第一种情况，n<m，这时无法实现取球，即取球方法为 0；

（2）第二种情况，n=m，此时只有一种取球方法，即将球全部取出，取球方法为 1；

（3）第三种情况，m=0，此时的取球方法为一个球都不取，取球方法为 1。

根据以上分析，可得取球问题的递归公式。从 n 个球中取 m 个球，不同取法的数量用 ball(n,m) 表示，则有：

$$ball(n,m)=\begin{cases} 0 & n<m \\ 1 & n=m \text{ 或者 } m=0 \\ ball(n-1,\ m-1)+ball(n-1,\ m) & \text{其他情况} \end{cases} \qquad (4-8)$$

### 4.5.3 算法设计

（1）已知条件：n，m。

（2）输出：取法数。

（3）递归关系：ball(n, m)= ball(n-1, m-1)+ball(n-1, m)。

（4）边界条件：n<m 时，取法为 0；

　　　　　　　n=m 或 m=0，取法为 1。

（5）测试用例见表 4-3。

**表 4-3　取球问题测试用例**

| 输　　入 | 输　　出 |
| --- | --- |
| 3 5 | 0 |
| 5 5 | 1 |
| 5 0 | 1 |
| 8 2 | 28 |

### 4.5.4 程序实现

```
1    #include <stdio. h>                        //c4_5_1
2    int ball (int n, int m)                    //递归函数，从 n 个球中选 m 个球
3    {
4      if(n<m)                                  //边界条件
5        return 0;
6      if(n= =m||m= =0)                         //边界条件
7        return 1;
8      return ball(n-1, m-1)+ball(n-1, m);      //递归调用
9    }
```

```
10  void main( )
11  {
12      int n, m;
13      scanf("%d%d", &n, &m);              //输入 n, m
14      printf("%d\n", ball(n, m));          //调用递归函数
15  }
```

子函数 ball 第 4~7 行是边界条件；第 8 行进行递归调用；主函数第 14 行调用子函数 ball。

### 4.5.5　时间复杂度分析

本程序时间复杂度为 $O(2^n)$。

### 4.5.6　空间复杂度分析

本程序只设置了简单变量，复杂度为 $O(1)$。

### 4.5.7　算法改进

#### 4.5.7.1　算法思想

从 5 个球中取 3 个球：

ball(5, 3) = ball(4, 2)+ball(4, 3)

$\qquad$ = ball(3, 1)+ball(3, 2)+ball(3, 2)+ball(3, 3)

$\qquad$ = ball(3, 1)+2ball(3, 2)+ball(3, 3)

$\qquad$ = ball(2, 0)+ball(2, 1)+2(ball(2, 1)+ball(2, 2))+ball(3, 3)

$\qquad$ = ball(2, 0)+3ball(2, 1)+2ball(2, 2)+ball(3, 3)

$\qquad$ = ball(2, 0)+3(ball(1, 0)+ball(1, 1))+2ball (2, 2)+ball(3, 3)

ball(2, 1)、ball(1, 0)、ball(1, 1)各调用了 3 次；

ball(3, 2)、ball(2, 2)各调用 2 次；

ball(5, 3)、ball(4, 2)、ball(3, 1)、ball(2, 0)、ball(4, 3)、ball(3, 3)各调用 1 次，共调用了 19 次递归函数。

改进：用二维数组 a 存放结果，仅当没有调用过才调用，且利用 ball(n, m) = ball(n, n−m)，只需调用 ball(5, 3)、ball(4, 2)、ball(3, 1)、ball(2, 0)、ball(2, 1)、ball(1, 0)、ball(4, 3)、ball(3, 3)各 1 次，共调用 8 次。

#### 4.5.7.2　算法设计

(1) 输入、输出、边界条件均同上例。

(2) 数据存储：二维数组 a[n][m] 表示从 n 个球取 m 个球的方法数。

(3) 递归关系：

```
if(a[n][m]=0)
  if(a[n−1][m−1]=0)
    a[n−1][m−1]=ball(n−1, m−1)
    a[n−1][n−m]=a[n−1][m−1]
  if(a[n−1][m]=0)
```

a[n-1][m]=ball(n-1, m)

a[n-1][n-m-1]=a[n-1][m]

a[n][m]=a[n-1, m-1]+a[n-1, m]

#### 4.5.7.3 程序实现

```
1   #include <stdio.h>                              //c4_5_2
2   #define N 100
3   int a[N][N];
4   int ball (int n, int m)                         //递归函数, 从 n 个球中选 m 个球
5   {
6     if(n<m)                                        //边界条件
7       a[n][m]=0;
8     else if(n==m||m==0)                            //边界条件
9       a[n][m]=1, a[n][0]=1;
10    else if(a[n][m]==0)                            //没有算过
11    {
12      if(a[n-1][m-1]==0)                           //没有算过
13      {
14        a[n-1][m-1]= ball (n-1, m-1);              //递归调用
15        a[n-1][n-m]=a[n-1][m-1];
16      }
17      if(a[n-1][m]==0)                             //没有算过
18      {
19        a[n-1][m]= ball (n-1, m);                  //递归调用
20        a[n-1][n-m-1]=a[n-1][m];
21      }
22      a[n][m]=a[n-1][m-1]+a[n-1][m];
23    }
24    return a[n][m];
25  }
26  void main( )
27  {
28    int n, m;
29    scanf("%d%d", &n, &m);                         //输入 n, m
30    printf("%d\n", ball (n, m));                   //调用递归函数
31  }
```

　　本程序主函数与前例相同；子函数 ball 第 9 行当 n=m 或 m=0 时，设置 a[n][m]=1，a[n][0]=1；第 12~22 行为递归关系实现，仅当没有计算过才进行递归调用。

#### 4.5.7.4 时间复杂度分析

　　本程序时间复杂度为 $O(n^2)$。

#### 4.5.7.5 空间复杂度分析

　　本程序只设置了 1 个二维数组，复杂度为 $O(N^2)$。

### 4.5.8 扩展

#### 4.5.8.1 问题描述

　　在 n 个不同的小球中取出 m 个球，不放回，给出具体的取球方案并统计一共有多少种的不同的取法。

#### 4.5.8.2　解法

A　解法 1

a　算法思想

同 4.5.2 节。

b　算法设计

（1）输入：小球符号（用一维字符数组 a 存储），取球数 m。

（2）输出：取球方案（用一维数组 b 存储），方案数 num。

（3）递归关系：递归函数 ball(int n, int m, int r) 表示从 n 个球中取 m 个球，现取第 r 个球。

取第 r 个球的方法：

```
b[r]=a[n-1];                    //选最后一个球
ball(n-1, m-1,r+1);             //选了最后一个球后,总数和取球数减1,取下一个球
ball(n-1,m,r);                  //不选最后一个球后,总数减1
```

（4）边界条件：n<m 时，返回；

　　　　　　　　m=0，取完了。

（5）测试用例见表 4-4。

表 4-4　取球方案测试用例

| 输　入 | 输　出 |
|---|---|
| ABC<br>5 | 0 |
| ABCDE<br>5 | A　B　C　D　E<br>1 |
| ABCDE<br>0 | 1 |
| ABCDE<br>3 | C　D　E　　　B　D　E　　　A　D　E<br>B　C　E　　　A　C　E　　　A　B　E<br>B　C　D　　　A　C　D　　　A　B　D<br>A　B　C<br>10 |

c　程序实现

```
1   #include <stdio. h>              //c4_5_3
2   #include <string. h>
3   #define N 100
4   char a[N], b[N];
5   int num=0;                       //方案数
6   void ball(int n, int m, int r)   //需从n个球中取m个球,现取第r个球
7   {
8       int i;
9       if (n<m)                     //总数不够
10          return;
11      if(m==0)                     //取完了
12      {
```

```
13      num++;                          //方案数加 1
14      for (i=r-1; i>=1; i--)          //打印出取球方案
15        printf("%c ", b[i]);
16      printf("");
17      if(num%3==0)                    //格式控制,每打印 3 个方案换行
18        printf("\n");
19    } else                            //还没取完
20    {
21      b[r]=a[n-1];                    //选最后一个球
22      ball(n-1, m-1, r+1);           //取了最后一个球后,总数和取球数减 1,取下一个球
23      ball(n-1, m, r);               //不取最后一个球后,总数减 1
24    }
25  }
26  void main()
27  {
28    int n, m;
29    gets(a);                          //输入小球符号
30    n=strlen(a);                      //统计小球个数 n
31    scanf("%d", &m);                  //输入取球数 m
32    ball(n, m, 1);                    //调用递归函数,从第 1 个球开始,从 n 个球中取 m 个数
33    printf("\n%d\n", num);            //打印方案数
34  }
```

子函数 ball 实现从 n 个球中取 m 个球,现取第 r 个球,第 9、11 行是边界条件,第 9 行当 n<m 时异常返回,第 11 行当 m=0,表示取完,方案数 num 加 1,打印取球方案,第 21~23 行为递归关系,根据是否选最后一个球分两种情况;主函数输入小球符号、取球数 m,调用递归函数,从第 1 个球开始,从 n 个球中取 m 个数,最后打印出方案数。

d   时间复杂度分析

本程序时间复杂度数量级为 $O(2^n)$。

e   空间复杂度分析

本程序只设置了 2 个一维数组,复杂度为 $O(N)$。

B   解法 2

a   算法思想

递归算法设计时要找出大规模问题与小规模问题之间的关系。

设递归函数 ball(int n, int r) 表示从前面 n 个球中取第 r 个小球:因为前面还有 r-1 个球,所以第 r 个小球只能在最后一个小球(第 n 个小球)到第 r 个小球处取。

遍历第 r 个小球的所有情况:如果第 r 个小球取的是第 i 个小球,则第 r-1 个小球只能在前面 i-1 个小球中取。

b   算法设计

(1) 输入:小球符号(用一维字符数组 a 存储),取球数 m。

(2) 输出:取球方案(用一维数组 b 存储),方案数 num。

(3) 递归关系:取第 r 个球的方法:

```
for (i=n; i≥r; i--)
  b[r]=a[i-1];              //第 r 个小球选取第 i 个小球
  ball(i-1, r-1);          //从前面 i-1 个小球中取第 r-1 个小球
```

（4）边界条件：r=0，取完了。

（5）测试用例同上例。

　　c　程序实现

```
1   #include <stdio. h>                    //c4_5_4
2   #include <string. h>
3   #define N 100
4   char a[N], b[N];
5   int num=0;                            //方案数
6   int m;
7   void ball(int n, int r)               //从前面n个小球中取第r个小球
8   {
9     int i;
10    if(r==0)                            //取完了
11    {
12      num++;                            //方案数加1
13      for (i=1;i<=m; i++)               //打印出取球方案
14        printf("%c ", b[i]);
15      printf(" ");
16      if(num%3==0)                      //格式控制,每打印3个方案换行
17        printf("\n");
18    } else
19      for (i=n; i>=r; i--)              //遍历第r的小球的取球方法
20      {
21        b[r]=a[i-1];                    //最后一个球取第i个小球
22        ball(i-1, r-1);                 //从前面i-1个小球中取第r-1个小球
23      }
24  }
25  void main( )
26  {
27    int n;
28    gets(a);                           //输入小球符号
29    n=strlen(a);                       //统计小球个数
30    scanf("%d", &m);
31    ball(n, m);                        //调用递归函数,从前面n个球中取第m个数
32    printf("\n%d\n", num);             //打印方案数
33  }
```

　　子函数 ball 实现从前面 n 个球中取第 r 个小球，第 10 行是边界条件，当 r=0，表示取完；第 19~23 行为递归关系，遍历第 r 个小球的选取方法；主函数输入小球符号、取球数 m，调用递归函数 ball 从前面 n 个球中取第 m 个小球，最后打印出方案数。

　　本程序的时间复杂度和空间复杂度同上例。

# 4.6　递归的局限性

　　递归具有结构清晰、可读性强的优点，易于用数学归纳法证明算法的正确性，为设计算法、调试程序带来很大方便。合理地使用递归，能够简化算法或数据结构，程序代码简洁明了，实现部分得到简化。

　　以 Fibonacci 数列的递归函数为例，分析递归算法的时间效率。

```
long fibonacci(int n)
{
  return n<3? 1:fibonacci(n-1)+fibonacci(n-2);
}
```

以 fibonacci(6)调用为例，递归调用过程如图 4-3 所示。从图中可以看出，存在重复调用的情况，fibonacci(4)调用了 2 次，fibonacci(3)调用了 3 次，fibonacci(2)调用了 5 次。

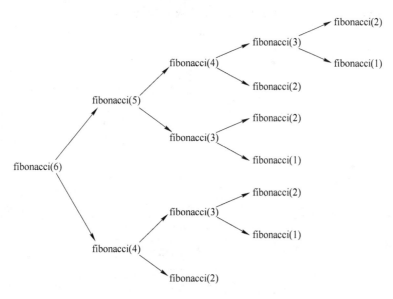

图 4-3  fibonacci(6) 的调用过程

随着参数增大，重复计算量增长迅速，参数每增加 1，fibonacci 多用近 1 倍时间进行计算，以指数形式增长。

函数调用是通过堆栈来实现的。递归函数的调用是用系统堆栈实现函数自己调用自己。在边界条件未得到满足之前，每次调用的地址及相关的局部变量值等都会保存在堆栈中，再按照先进后出的原则，逐层返回。这个过程会占用大量的栈空间，同时进栈出栈都有时间消耗。当递归调用的次数过多时，有可能会出现栈溢出的现象。

递归算法的运行效率较低，无论是耗费的计算时间还是占用的存储空间都比非递归算法要多。递归算法仅适用于具有递归特征的算法。

# 4.7  习题4

（1）已知数列定义为：

a(1)= 1，a(2i)= a(i)+1，a(2i+1)= a(i)+a(i+1)(i 为正整数)

求数列的第 n 项。

（2）角谷定理。输入一个自然数 n，若 n 为偶数，则把它除以 2，若 n 为奇数，则把它乘以 3 加 1。用新得到的值重复以上步骤，直到值为 1 为止。求经过多少次可得到自然数 1。

（3）输入一个正整数，调用递归函数，依次输出该整数的各位数字。如输入为 1324657，则输出为：1 3 2 4 6 5 7。

（4）有 n 级台阶，可以一步上一个台阶，也可以一步上两个台阶，编写程序，计算共有多少种不同的走法。

（5）求两个整数的最大公约数。求 m、n 的最大公约数可递归定义为：

若 m 整除 n 余数为 0，则最大公约数为 n；

否则，m、n 的最大公约数等于 n、m%n 的最大公约数。

# 5 贪 心 法

## 5.1 贪心法概述

贪心法，又称贪婪算法、登山算法。贪心法的基本思想是逐步到达山顶，即逐步获得最优解，是解决最优化问题时的一种简单但适用范围有限的策略。在对问题求解时，总是做出在当前一步看来是最好的选择，也就是说，不从整体最优上加以考虑，它所做出的是在某种意义上的局部最优的选择，寄希望这样的选择能导致全局最优。贪心法所做的选择可以依赖前面所做过的选择，但不依赖于将来要做的选择，不可回溯，通常以自顶向下的方式进行，以迭代的方式做出相继的贪心选择，每做一次选择，就将所求的问题简化为规模更小的子问题。

贪心法不是对所有问题都能得到整体最优解，但是对于范围相对广泛的许多问题都能产生整体最优解或者是整体最优解的近似值。贪心法在有最优子结构的问题中尤为有效，最优子结构的意思是局部最优解能决定全局最优解。

贪心法没有固定的算法框架，算法设计的关键是贪心策略的选择。

本章首先介绍贪心法的设计步骤，然后通过几个典型的例子说明贪心法的设计和分析方法，最后对贪心法进行小结。

## 5.2 贪心法的设计步骤

贪心法的设计步骤如下：

(1) 分解。把求解的问题分成若干个子问题。

(2) 解决。对每一个子问题求解，得到子问题的局部最优解。

(3) 合并。把子问题的局部最优解合成原来问题的一个解。

## 5.3 可拆背包问题

### 5.3.1 问题描述

有一个背包，背包容量 $C=10$。有 5 个物品，物品可以分割成任意大小。要求尽可能让装入背包中的物品总价值最大，但不能超过总容量。在选择物品装入背包时，可以选择物品的一部分，而不一定要全部装入背包。具体物品重量和价值见表 5-1。

表 5-1 　物品重量和价值

| 物品 i | 1 | 2 | 3 | 4 | 5 |
|---|---|---|---|---|---|
| 重量 w | 2 | 4 | 5 | 9 | 3 |
| 价值 v | 3 | 7 | 9 | 14 | 5 |

### 5.3.2 算法思想

此问题要求尽可能让装入背包的物品总价值最大，但不能超过总容量，因此可将物品的单位重量价值作为贪心选择的依据指标，即选择单位重量价值最高的物品，将尽可能多的物品装入背包，依此策略一直地进行下去，直到背包装满为止。为了求解可拆背包问题，首先要计算每个物品的单位价值 $v/w$，并按从大到小排序。遵循贪心策略，如果剩余背包容量大于某个物品，将整个物品放进背包，否则将部分物品装入背包。

### 5.3.3 算法设计

（1）初始化。装入情况 $x[i]=0$（$x[i]$表示物品 i 装入背包的比例，$x[i]=1$表示物品 i 被全部装入，$x[i]=0$表示物品 i 没被装入）。

（2）输入数据，计算物品的单位重量价值 $p=v/w$。

（3）根据单位重量价值 p 对物品进行排序。

（4）分解及解决（利用贪心法的思路，每次选择单位重量价值最大的物品 i）：

1）如果剩余容量 $C \geqslant w_i$，则全部装入 $x[i]=1$，总价值 totalValue$+=v_i$，$C-=w_i$；

2）如果剩余容量 $C<w_i$，则部分装入 $x[i]=C/w_i$，totalValue$+=C \times p_i$。

（5）合并输出解。

对于题目示例：

（1）初始化。装入情况 $x[i]=0$。

（2）输入。物品数量 $n=5$，背包容量 $C=10$，每件物品的重量 w 和价值 v，计算每种物品的单位重量价值 $p=v/w$，分别为 1.5、1.75、1.8、1.56、1.67。

（3）根据单位重量价值 p 对物品进行排序，分别为 3、2、5、4、1。

（4）分解及解决（利用贪心法的思路，每次选择单位重量价值最大的物品）：

1）考虑第 3 件物品，剩余容量 $C=10$，$C \geqslant w_3=5$，全部装入 $x[3]=1$，总价值 totalValue$=9$，剩余容量 $C=5$；

2）考虑第 2 件物品，剩余容量 $C=5$，$C \geqslant w_2=4$，全部装入 $x[2]=1$，总价值 totalValue$=16$，剩余容量 $C=1$；

3）考虑第 5 件物品，剩余容量 $C=1$，$C<w_5=3$，部分装入 $x[5]=C/w_5=1/3$，总价值 totalValue$=16+5 \times 1/3=17.67$。

（5）合并输出解：0，1，1，0，0.33。

测试用例见表 5-2。

**表 5-2 可拆背包问题测试用例**

| 输　入 | 输　出 |
|---|---|
| 7 | 第 6 号物品整个放入 |
| 150 | 第 2 号物品整个放入 |
| 35 10 | 第 7 号物品整个放入 |
| 30 40 | 第 4 号物品整个放入 |
| 60 30 | 第 5 号物品放入了 0.88 |
| 50 50 | 总价值为 190.63 |
| 40 35 | 物品装入情况如下: |
| 10 40 | 0.00　1.00　0.00　1.00　0.88　1.00 |
| 25 30 | 1.00 |
| 5 | 第 3 号物品整个放入 |
| 10 | 第 2 号物品整个放入 |
| 2 3 | 第 5 号物品放入了 0.33 |
| 4 7 | 总价值为 17.67 |
| 5 9 | 物品装入情况如下: |
| 9 14 | 0.00　1.00　1.00　0.00　0.33 |
| 3 5 | |
| 5 | 第 4 号物品整个放入 |
| 90 | 第 3 号物品整个放入 |
| 32.5 56.2 | 第 1 号物品放入了 0.35 |
| 25.3 40.5 | 总价值为: 168.74 |
| 37.4 70.8 | 物品装入情况如下: |
| 41.3 78.4 | 0.35　0.00　1.00　1.00　0.00 |
| 28.2 40.2 | |
| 3 | 第 3 号物品整个放入 |
| 50 | 第 2 号物品整个放入 |
| 20 60 | 第 1 号物品放入了 0.50 |
| 30 120 | 总价值为: 200.00 |
| 10 50 | 物品装入情况如下: |
| | 0.50　1.00　1.00 |

## 5.3.4 程序实现

```
1    #include<stdio. h>                          //c5_3_1
2    #include <algorithm>
3    using namespace std;
4    #define MAXN 20
5    double x[MAXN] = {0};                        //初始化问题解
6    struct Goods{
7      int no;                                   //物品的编号
8      double w;                                 //物品的重量
9      double v;                                 //物品的价值
10     double p;                                 //物品的单位价值
11   }goods[MAXN];
```

```
12  bool comp(Goods a, Goods b)
13  {
14    return a.p>b.p;                                    //按单位价值 p 从大到小排序
15  }
16  void input(int n)                                    //输入数据,计算单位重量价值
17  {
18    int i;
19    for(i=1;i<=n;i++)
20    {
21      goods[i].no=i;                                   //物品编号
22      scanf("%lf", &goods[i].w);                       //输入物品的重量
23      scanf("%lf", &goods[i].v);                       //输入物品的价值
24      goods[i].p=goods[i].v/goods[i].w;               //计算物品的单位价值
25    }
26  }
27  void bag(int n, double c)                            //贪心法装入物品
28  {
29    int i;
30    double totalValue=0;                               //初始化背包
31    for(i=1;i<=n;i++)
32    {
33      if(c>=goods[i].w)                                //剩余容量 c 大于物品重量
34      {
35        x[goods[i].no]=1;                              //全部装入
36        totalValue +=goods[i].v;                       //价值增加
37        c-=goods[i].w;                                 //容量减少
38        printf("第%d 号物品整个放入\n", goods[i].no);
39      }else
40      {
41        x[goods[i].no]=c/goods[i].w;                   //装入比例
42        totalValue +=goods[i].p * c;                   //价值增加
43        printf("第%d 号物品放入了%.2f\n", goods[i].no, x[goods[i].no]);
44        break;
45      }
46    }
47    printf("总价值为:%.2f\n", totalValue);              //输出总价值
48  }
49  void main()
50  {
51    int n, i;
52    double c;
53    scanf("%d%lf", &n, &c);                            //输入物品数量和背包容量
54    input(n);                                          //输入数据,计算单位重量价值
55    sort(goods+1, goods+n+1, comp);                    //按单位价值排序
56    bag(n, c);                                         //贪心法装入物品
57    printf("物品装入情况如下:\n");                       //合并输出解
58    for(i=1;i<=n;i++)
59      printf("%.2f ", x[i]);
60    printf("\n");
61  }
```

程序定义了结构体数组 goods，第 16~26 行为输入子函数 input，输入物品数据的重量 w、价值 v 的同时计算单位价值 p；第 27~48 行由子函数 bag 实现贪心法装入物品，分为两种情况实现；在第 56 行调用 bag 前，先按单位价值对结构体数组 goods 进行排序；最后将局部求出的解合并输出。

### 5.3.5 时间复杂度分析

本程序算法的时间复杂度由排序算法决定，为 $O(nlogn)$。

### 5.3.6 空间复杂度分析

本程序算法的空间复杂度为 $O(MAXN)$。

### 5.3.7 可拆背包问题小结

可拆背包问题与 0-1 背包问题不同，可拆背包问题可以用贪心法求解，而 0-1 背包问题不能通过贪心选择算法得到最优解。使用贪心法解决 0-1 背包问题时，无法保证最后能将背包装满，部分闲置的背包空间会使背包的单位价值降低。0-1 背包问题可以采用动态规划或回溯法得到最优解。

# 5.4 删数字问题

### 5.4.1 问题描述

已知 n 位数字的正整数 a，去掉其中任意 $k(k<n)$ 个数字后，剩下的数字按原次序排列组成 n-k 位新的正整数。设计一个算法，使新的正整数最大。

### 5.4.2 算法思想

n 位数字组成的正整数用数组 a 存储。在整数位数固定的前提下，让高位尽可能大，整数的值就大。每次删除 1 个数字，选择一个使剩下的数最大的数字删除，选择方法如下。

n 位数字从左到右每相邻的两个数字比较：
(1) 如果左边的数字小于右边数字，则删除左边的小数字；
(2) 如果所有数字都是降序或相等，则删除最右边的数字。

### 5.4.3 算法设计

(1) 输入数据：n 位数字，要删除数字个数 $k(k<n)$；
(2) 删除 k 个数字。
例如数字 16403 的删除过程为：
(1) 16403 删除 1 个数字：1<6，删除 1，得 6403；
(2) 6403 删除 1 个数字：0<3，删除 0，得 643；
(3) 643 删除 1 个数字：全部降序，得 64；

（4）64 删除 1 个数字：降序，得 6。

测试用例见表 5-3。

表 5-3　删数字问题测试用例

| 输　　入 | 输　　出 |
|---|---|
| 16403<br>1 | 6403 |
| 16403<br>2 | 643 |
| 16403<br>3 | 64 |
| 16403<br>4 | 6 |
| 16403<br>5 | 删除数字个数应小于正整数长度 |
| 16403<br>6 | 删除数字个数应小于正整数长度 |
| 1640321<br>5 | 64 |
| 16403021<br>5 | 643 |
| 124356<br>2 | 4356 |
| 7621917546439820463<br>6 | 975639820463 |
| 16485679<br>4 | 8679 |

### 5.4.4　程序实现

```
1   #include<stdio. h>                        //c5_4_1
2   #include<string. h>
3   #define N 100
4   int delea( char a[ ] )
5   {    //返回删除数字的位置,如乱序,删除 a 中 1 个数字,使结果最大
6      int i, j;
7      int n = strlen( a) ;                    //a 长度
8      for( i = 0 ;i<n ;i++)                    //找出递增区间的首个数字
9        if( a[ i] <a[ i+1] )
10       {
11         j = i;                               //记下递增的位置
12         break ;
```

```
13        }
14    if(i==j)                          //找到
15      for( ;i<=n;i++)                 //删除找出的那个数字
16        a[i]=a[i+1];                  //后面的拷贝
17    else
18      j=n-1;                          //已按序
19    return j;                         //返回删除位置
20 }
21 void main( )
22 {
23    char a[N];                        //数组 a 用于存储正整数
24    int i, k, n, site;                //site 表示删的位置
25    memset(a,'\0', sizeof(a));        //清空数组
26    scanf("%s", a);                   //以字符串方式输入整数
27    scanf("%d", &k);                  //删除数字个数
28    n=strlen(a);                      //正整数长度
29    site=0;                           //初始化
30    if(k<n)                           //删除数字个数小于正整数长度
31    {
32      for(i=1;i<=k;i++)               //共删除 k 个数字
33      {
34        if( site!=n-i)                //乱序
35          site=delea(a);              //删除 1 个数字,使剩下的数字最大
36        else
37          break;
38      }
39      for(i=0;i<n-k;i++)
40        printf("%c", a[i]);
41      printf("\n");
42    }else
43      printf("删除数字个数应小于正整数长度\n");
44 }
```

　　子函数 delea 用于乱序时删除数字串 a 中 1 个数字,并使结果最大;第 8 行,从左到右找第一个增的位置,删除左边的数字;否则全部非增,返回删除数字位置。主函数仅当删除数字个数 k 小于正整数长度 n 时,通过循环删除 k 个数字。site 表示前一次删除数字位置,如果 site=n-i,表明数字串已排好序,直接删除后面的数字。

### 5.4.5　时间复杂度分析

　　本程序最好的情况是全部降序或相等,最坏的情况是全部升序,平均算法时间复杂度为 $O(kn)$。

### 5.4.6　空间复杂度分析

　　本程序算法空间复杂度为 $O(N)$。

### 5.4.7　算法改进

#### 5.4.7.1　算法思想

以上贪心算法每删除 1 个数字都要从头开始查找,并将后面所有的数字全部向前移 1

位，当 n 和 k 的值较大时，查找和移动需花大量时间。其实在删除后的下一次查找时，只要从删除数字的前一个数字开始查找，在删除时只需将对应位置作标记，不用移动数字，在查找时跳过这 1 位就可以了。

### 5.4.7.2　算法设计

（1）输入数据：n 位数字，要删除数字个数 k（k<n）。

（2）删除 k 个数字。

例如数字 16403 的删除过程为：

（1）16403 删除 1 个数字：1<6，标记 1 为#，得#6403；

（2）#6403 删除 1 个数字：0<3，标记 0 为#，得#64#3；

（3）#64#3 删除 1 个数字：全部降序，输出 64；

（4）#64#3 删除 2 个数字：降序，输出 6。

### 5.4.7.3　程序实现

```
1   #include<stdio. h>                    //c5_4_2
2   #include<string. h>
3   #define N 100
4   int delea( char a[ ], int j)          //删除 a 中 1 个数字，使结果最大
5   {
6     int i;
7     int n=strlen( a);                   //a 长度
8     while( j>0&&a[ j] = ='#')
9       j--;                              //找到删除数字前非#的数字
10    for( i=j;i<n;i++)                    //找出递减区间的首个数字
11    {
12      while( a[ i] = ='#')
13        i++;
14      j=i+1;
15      while( a[ j] = ='#')
16        j++;
17      if( a[ i]<a[ j])
18      {
19        j=i;                            //记下递减的位置
20        break;
21      }
22    }
23    if( i= =j)                          //找到
24      a[ j]='#';                        //标记删除位置
25    else
26      j=n-1;                            //已按序
27    return j;                           //返回删除位置
28  }
29  void main( )
30  {
31    char a[ N] ;                        //数组 a 用于存储正整数
32    int i, k, n, site;                  //site 表示删除的位置
33    memset( a,'\0', sizeof( a));        //清空数组
34    scanf( "%s", a);                    //以字符串方式输入整数
35    scanf( "%d", &k);                   //删除数字个数
```

```
36   n=strlen(a);                        //正整数长度
37   site=0;                             //初始化
38   if(k<n)                             //删除数字个数小于正整数长度
39   {
40     for(i=1;i<=k;i++)                 //共删除 k 个数字
41     {
42       if(site!=n-1)
43         site=delea(a,site);           //删除 1 个数字,使剩下的数字最大
44       else
45         break;
46     }
47     int num=0;
48     for(i=0;i<n;i++)
49     {
50       if(a[i]!='#')
51       {
52         printf("%c",a[i]);
53         num++;
54       }
55       if(num==n-k)
56         break;
57     }
58     printf("\n");
59   }else
60     printf("删除数字个数应小于正整数长度\n");
61 }
```

此程序中子函数 delea 用于乱序时标记(删除)数字串 a 中 1 个数字,并使结果最大,参数 site 含义与 5.4.4 节程序相同,表示前一次删除数字位置,如果 site=n-1,表明数字串已排好序;第8、9行寻找到删除数字前非#的数字;第12、13行,如果当前数字已删除,需要向后寻找,i 为找到的位置;第14~16行,另一个比较的数的位置是 i+1,如果是删除数字,需要向后寻找;第17行是比较两个相邻的非删除数字,如果左边小于右边,记下左边的数字的位置并中断,并标记删除数字为#,否则向后查找;如果全部非增,返回最后一位数字位置。主函数仅当删除数字个数 k 小于正整数长度 n 时,通过循环删除 k 个数字(乱序时通过子函数 delea 标记删除数字,排好序的话直接删除后面的数字);由于只是标记删除位置,所以在输出时用变量 num 计数。

### 5.4.7.4 时间复杂度分析

由于本程序不是从头开始寻找,而是从删除数字的位置开始查找,因此不管删除数字个数 k 多大,平均只用扫描一次数字串就可以完成,平均算法时间复杂度为 O(n)。

### 5.4.7.5 空间复杂度分析

本程序算法空间复杂度为 O(N)。

## 5.4.8 删数字问题小结

对于删数字问题而言,数位越高对数字串最终的大小的影响会越大,因此最好删除数位比较高的数字。

如果是相邻数字之间删除左边比较小的数字,最终的结果会比较大。因此可以从最高

位开始找，找到第一个比自己下一位数字小的数字进行删除。每次都这样处理，就可以得到最大的数字串。

# 5.5　哈夫曼树

### 5.5.1　问题描述

以 n 个权值为叶子结点，构造一棵最优二叉树，产生哈夫曼编码，并输出其带权路径长度。

### 5.5.2　算法思想

术语：最优二叉树又称为哈夫曼树（Huffman），是一类带权路径长度最小的二叉树。图 5-1 所示是三颗由权值序列 {3、8、7、5、2} 为叶子结点构造的二叉树，图中叶子结点用方框表示，非叶子结点用圆圈表示。从二叉树第 i 个叶子结点到根结点的路径长度 $l_i$ 为该结点的祖先数，即层数减 1，如图 5-1(a) 中，权值为 3 的叶子结点的路径长度为 4。定义各叶子结点的权 $w_i$ 与该结点的路径长度 $l_i$ 的乘积之和为该二叉树的带权路径长度 wpl，即

$$\text{wpl} = \sum_{i=1}^{n} w_i l_i \qquad\qquad (5\text{-}1)$$

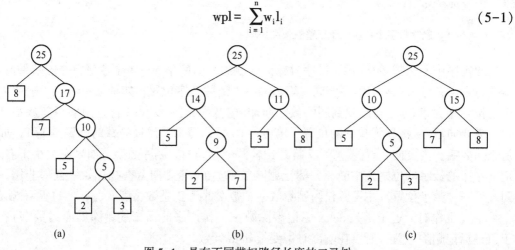

图 5-1　具有不同带权路径长度的二叉树

对 n 个权值 $w_1$，$w_2$，…，$w_n$，构造由 n 个分别带这些权值的叶子结点组成的二叉树，其中带权路径长 wpl 最小的二叉树称为最优二叉树。

例如图 5-1 中三颗二叉树的带权路径长度分别为：

图 5-1(a)：wpl = 8×1+7×2+5×3+2×4+3×4 = 57。

图 5-1(b)：wpl = 5×2+3×2+8×2+2×3+7×3 = 59。

图 5-1(c)：wpl = 5×2+7×2+8×2+2×3+3×3 = 55。

构造哈夫曼树可以使用贪心算法，首先把 n 个叶子结点作为森林，每次选择权值最小的两个结点合并成一颗新树，并将新树加入森林。依此规则一直进行下去，直到森林中只剩下一棵树为止。

哈夫曼算法的操作步骤如下：

（1）将 $w_1$，$w_2$，…，$w_n$ 看成是有 n 棵树的森林(每棵树仅有一个结点)的权值；

（2）在森林中选出两个根结点的权值最小的树合并，两颗子树作为一棵新树的左右子树，且新树的根结点权值为其左右子树根结点权值之和；

（3）从森林中删除选取的两棵树，并将新树加入森林；

（4）重复步骤（2）、步骤（3），直到森林中只剩一棵树为止，该树即为所求的哈夫曼树。

对应 5 个权为 3、8、7、5、2 的哈夫曼树的生成过程如图 5-2 所示。

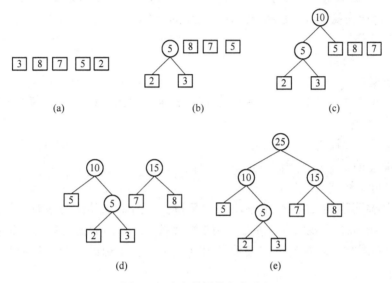

图 5-2　哈夫曼树的生成过程

（a）第 1 步；（b）第 2 步；（c）第 3 步；（d）第 4 步；（e）第 5 步

通过 4 次重复操作得到哈夫曼树，如果有 n 个权值，得到哈夫曼树需经过 n-1 次操作。

哈夫曼编码：对于一颗哈夫曼树，若对树中的每个左分支赋予 0，右分支赋予 1，则从根到每个叶子的通路上，各分支的赋值分别构成一个二进制串，该二进制串就称为哈夫曼编码。

图 5-3 所示是对应 5 个权为 3、8、7、5、2 的最优二叉树，权值为 3 的编码为 011，权值为 7 的编码为 10。

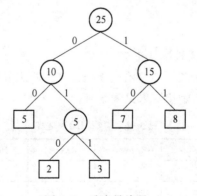

图 5-3　哈夫曼编码

### 5.5.3 算法设计

（1）输入：叶子结点数 n，各叶子结点的权值 $w_i$。

（2）输出：各权值的哈夫曼编码，带权路径长度 wpl。

（3）存储结构：哈夫曼树是一种二叉树，没有度为 1 的结点，n 个叶子结点的哈夫曼树共有 2n-1 个结点，可以用一个大小为 2n-1 的结构体数组来存放哈夫曼树的各个结点，每个结点包含以下信息：编号（no）、双亲编号（parent）、左孩子编号（LChild）、右孩子编号（RChild）、是双亲的左孩子还是右孩子（LoR）、到根结点的路径长度（L），其中 LoR 是用于构造哈夫曼编号，L 用于计算二叉树的带权路径长度。

（4）算法步骤。

1）建立哈夫曼树：

①输入数据：叶子结点数 n。

②初始化叶子结点（编号，权值），n 颗二叉树构成的森林，每一颗二叉树只有一个权值为 $w_i$ 的根结点。

③将叶子结点按权值从小到大排序。

④重复构造 n-1 个非叶子结点：

初始化非叶子结点（编号）；

在森林中选择两颗根结点权值最小的二叉树，作为新二叉树的左右子树，加入森林（标记新二叉树的根结点权值为其左右子树根结点权值之和，标记左右孩子编号）；

删除：从森林中删除被选中的两颗子树（标记两颗子树的双亲，标记其是父结点的左/右孩子）；

新结点参与排序，为下一次操作准备。

2）构造哈夫曼编码，输出带权路径长度：

①初始化带权路径长度 wpl=0；

②结点按编号排序；

③对每一个叶子结点：

从叶子开始，取其属性 LoR，直至根结点（根结点的双亲为 0）；

标记叶子结点到根结点的路径长度 L；

累计带权路径长度 wpl；

输出叶子结点权值 $w_i$、编码。

④输出二叉树的带权路径长度 wpl。

对 5 个权为 3、8、7、5、2，建立哈夫曼树，产生哈夫曼编码：

①输入：5 3 8 7 5 2，初始化结果见表5-4。

表5-4　初始化哈夫曼树

| i | no | w | parent | LChild | Rchild | LoR | L |
|---|----|----|--------|--------|--------|-----|---|
| 1 | 1 | 3 | | | | | |
| 2 | 2 | 8 | | | | | |
| 3 | 3 | 7 | | | | | |

| i | no | w | parent | LChild | Rchild | LoR | L |
|---|----|----|--------|--------|--------|-----|---|
| 4 | 4 | 5 | | | | | |
| 5 | 5 | 2 | | | | | |

②将叶子结点按权值从小到大排序，见表 5-5。

**表 5-5　叶子结点按权值排序**

| i | no | w | parent | LChild | Rchild | LoR | L |
|---|----|----|--------|--------|--------|-----|---|
| 1 | 5 | 2 | | | | | |
| 2 | 1 | 3 | | | | | |
| 3 | 4 | 5 | | | | | |
| 4 | 3 | 7 | | | | | |
| 5 | 2 | 8 | | | | | |

③新建非叶子结点 6，结果见表 5-6。

结点 6 编号为 6；

取表 5-5 中第 1、2 行结点，作为结点 6 的左右子树，标记结点 6 的权值为其左右子树根结点权值之和 5，标记左孩子为 5，右孩子为 1；

标记结点 5、1 的双亲为 6，标记结点 5 是其父结点的左孩子 0，标记结点 1 是其父结点的右孩子 1。

**表 5-6　新建结点 6**

| i | no | w | parent | LChild | Rchild | LoR | L |
|---|----|----|--------|--------|--------|-----|---|
| 1 | 5 | 2 | 6 | | | 0 | |
| 2 | 1 | 3 | 6 | | | 1 | |
| 3 | 4 | 5 | | | | | |
| 4 | 3 | 7 | | | | | |
| 5 | 2 | 8 | | | | | |
| 6 | 6 | 5 | | 5 | 1 | | |

新结点参与排序。

④新建非叶子结点 7，方法同上，结果见表 5-7。

**表 5-7　新建结点 7**

| i | no | w | parent | LChild | Rchild | LoR | L |
|---|----|----|--------|--------|--------|-----|---|
| 1 | 5 | 2 | 6 | | | 0 | |
| 2 | 1 | 3 | 6 | | | 1 | |
| 3 | 4 | 5 | 7 | | | 0 | |
| 4 | 6 | 5 | 7 | 5 | 1 | 1 | |

续表5-7

| i | no | w | parent | LChild | Rchild | LoR | L |
|---|---|---|---|---|---|---|---|
| 5 | 3 | 7 | | | | | |
| 6 | 2 | 8 | | | | | |
| 7 | 7 | 10 | | 4 | 6 | | |

⑤新建非叶子结点8、9，方法同上，结果见表5-8。

表5-8　新建结点8、9

| i | no | w | parent | LChild | Rchild | LoR | L |
|---|---|---|---|---|---|---|---|
| 1 | 5 | 2 | 6 | | | 0 | |
| 2 | 1 | 3 | 6 | | | 1 | |
| 3 | 4 | 5 | 7 | | | 0 | |
| 4 | 6 | 5 | 7 | 5 | 1 | 1 | |
| 5 | 3 | 7 | 8 | | | 0 | |
| 6 | 2 | 8 | 8 | | | 1 | |
| 7 | 7 | 10 | 9 | 4 | 6 | 0 | |
| 8 | 8 | 15 | 9 | 3 | 2 | 1 | |
| 9 | 9 | 25 | | 7 | 8 | | |

⑥初始化带权路径长度 wpl=0，结点按编号排序，结果见表5-9。

表5-9　新建结点8、9

| i | no | w | parent | LChild | Rchild | LoR | L |
|---|---|---|---|---|---|---|---|
| 1 | 1 | 3 | 6 | | | 1 | 3 |
| 2 | 2 | 8 | 8 | | | 1 | 2 |
| 3 | 3 | 7 | 8 | | | 0 | 2 |
| 4 | 4 | 5 | 7 | | | 0 | 2 |
| 5 | 5 | 2 | 6 | | | 0 | 3 |
| 6 | 6 | 5 | 7 | 5 | 1 | 1 | 1 |
| 7 | 7 | 10 | 9 | 4 | 6 | 0 | |
| 8 | 8 | 15 | 9 | 3 | 2 | 1 | |
| 9 | 9 | 25 | | 7 | 8 | | |

⑦对每一个叶子结点，从叶子开始，取其属性LoR，直至根结点（根结点的双亲为0）。

1 号结点，是其父结点的右孩子 1；

1 的父结点为 6，6 号结点是其父结点的右孩子 1；

6 的父结点为 7，7 号结点是其父结点（根结点 9）的左孩子 0；

所以结点 1，权值为 3 的哈夫曼编码为 011，其到根结点路径长度为 3，wpl＝9；

同理得到其他权值的编码：

结点 2：权值为 8 的编码为 11，其到根结点路径长度为 2，wpl＝9+8×2＝25；

结点 3：权值为 7 的编码为 10，其到根结点路径长度为 2，wpl＝25+7×2＝39；

结点 4：权值为 5 的编码为 00，其到根结点路径长度为 2，wpl＝39+5×2＝49；

结点 5：权值为 2 的编码为 010，其到根结点路径长度为 3，wpl＝49+2×3＝55。

⑧输出二叉树的带权路径长度 wpl。

测试用例见表 5-10。

表 5-10　哈夫曼树测试用例

| 输　入 | 输　出 |
|---|---|
| 5<br>3 8 7 5 2 | 3：011<br>8：11<br>7：10<br>5：00<br>2：010<br>55 |
| 4<br>7 5 2 4 | 7：0<br>5：10<br>2：110<br>4：111<br>35 |
| 4<br>2 3 4 7 | 2：110<br>3：111<br>4：10<br>7：0<br>30 |
| 5<br>8 9 2 3 5 | 8：10<br>9：11<br>2：010<br>3：011<br>5：00<br>59 |

## 5.5.4 程序实现

```
1    #include <algorithm>                              //c5_5_1
2    using namespace std;
3    #define N 20                                       //最多叶子结点个数
4    #define M 2 * N-1                                   //最多结点个数
5    struct Node
6    {
7        int no;                                        //编号
8        int w;                                         //结点的权值
9        int parent;                                    //双亲编号
10       int LChild;                                    //左孩子编号
11       int RChild;                                    //右孩子编号
12       int LoR;                                       //是双亲的左孩子/右孩子
13       int L;                                         //路径长度
14   }ht[M+1];
15   int n;                                             //叶子结点个数
16   bool comp(Node a, Node b)
17   {
18       return a.w<b.w;                                //按权值从小到大排
19   }
20   bool comp1(Node a, Node b)
21   {
22       return a.no<b.no;                              //按编号从小到大排
23   }
24   void crtk(int k)                                   //创建第 k 个非叶子结点
25   {
26       int i, s1, s2;
27       i=n+k;
28       ht[i].no=i;                                    //非叶子结点编号
29       s1=2 * k-1;                                    //权值最小的非叶子结点编号
30       s2=2 * k;                                      //权值次小的非叶子结点编号
31       ht[i].w=ht[s1].w+ht[s2].w;                     //两个结点合并
32       ht[i].LChild=ht[s1].no;                        //左孩子是 s1
33       ht[i].RChild=ht[s2].no;                        //右孩子是 s2
34       ht[s1].parent=i;
35       ht[s2].parent=i;                               //s1, s2 的父结点是 i
36       ht[s1].LoR=0;                                  //s1 是父结点的左孩子
37       ht[s2].LoR=1;                                  //s2 是父结点的右孩子
38       sort(ht+2 * k+1, ht+n+k+1, comp);             //新结点参与排序
39   }
40   void crtHuffman( )                                 //创建 Huffman 树
41   {
42       int i, k;
43       scanf("%d", &n);                               //输入叶子结点数
44       for (i = 1;i <= n;i++)
45       {
46           ht[i].no=i;                                //初始化叶子结点编号
47           scanf("%d", &ht[i].w);                     //输入叶子结点权值
48       }
49       sort(ht+1, ht+n+1, comp);                      //叶子结点按权值从小到大排序
```

```
50    for(k=1;k<=n-1;k++)                      //n-1 个非叶子结点
51      crtk(k);                               //创建非叶子结点
52  }
53  void Huffman()                             //求哈夫曼编码及带权路径长度
54  {
55    int i, t, j;
56    char a[N+1];                             //最长编码
57    int wpl=0;                               //初始化带权路径长度
58    sort(ht+1, ht+2*n-1, comp1);             //结点按编号排序
59    for(i=1;i<=n;i++)                        //对所有的叶子结点
60    {
61      t=i;                                   //暂存叶子结点编号
62      j=n;                                   //初始化编码位置,从后开始向前
63      a[j]='\0';                             //字符串结束标志
64      while(ht[t].parent!=0)                 //从叶子结点开始,一直到根结点
65      {
66        a[--j]=ht[t].LoR+48;                 //转化为字符编码,数字与字符间差 48
67        t=ht[t].parent;                      //取其父结点编号
68      }
69      ht[i].L=n-j;                           //叶子结点到根结点路径长度
70      wpl=wpl+(n-j)*ht[i].w;                 //累计带权路径长度
71      printf("%d:%s\n", ht[i].w, a+j);       //输出叶子结点权值及编码
72    }
73    printf("%d\n", wpl);                     //输出二叉树的带权路径长度
74  }
75  void main()
76  {
77    crtHuffman();                            //创建 Huffman 树
78    Huffman();                               //求哈夫曼编码及带权路径长度
79  }
```

程序第 5~14 行定义了结构体类型数组 ht；子函数 comp 和 comp1 分别用于控制排序方式。

第 24~39 行子函数 crtk 用于创建非叶子结点，因为数组 ht 已按权值排序，所以第 29~30 行直接取出两个权值最小的子树；第 31~33 行，合并两颗子树，并标记其左、右子树；第 34~37 行，其左、右子树标记父结点及其是父结点左/右孩子；第 38 行新结点参与排序，为下一次操作做准备。

第 40~52 行子函数 crtHuffman 用于创建 Huffman 树，第 46~47 行初始化叶子结点编号和权值；第 49 行叶子结点按权值从小到大排序；第 50~51 行创建 n-1 个非叶子结点。

第 53~74 行子函数 Huffman 用于求哈夫曼编码及带权路径长度，第 57 行初始化带权路径长度，第 58 行结点按编号排序，第 59~72 行，对每一个叶子结点，从后向前编码，同时累计带权路径长度。

主函数主要是调用子函数 crtHuffman 和 Huffman。

### 5.5.5　时间复杂度分析

本程序算法时间复杂度取决于排序算法的复杂度，为 $O(n^2 \log n)$，其中 n 为叶子结点数。

### 5.5.6　空间复杂度分析

本程序算法空间复杂度为 $O(N)$，其中 N 为最多叶子结点数。

### 5.5.7　算法改进

#### 5.5.7.1　算法思想

以上算法每个新建的非叶子结点都要参与排序，耗费较多的比较和移动时间。观察发现，后建的非叶子结点权值必定比前面建的非叶子结点权值大，只需将没有合并的叶子结点和没有合并的子树进行比较，即可找出两个权值最小的子树。

#### 5.5.7.2　算法设计

输入、输出、存储结构与前算法相同。

算法步骤：

（1）建立哈夫曼树：

1）输入数据：叶子结点数 n。

2）初始化叶子结点（编号，权值），n 颗二叉树构成的森林，每一颗二叉树只有一个权值为 $w_i$ 的根结点。

3）将叶子结点按权值从小到大排序。

4）初始化指针 p1 指向第 1 个叶子结点，p2 指向第 1 个非叶子结点。

5）重复构造 n–1 个非叶子结点：

①初始化非叶子结点（编号，权值为 INF，INF 取很大的数）；

②在森林中选择两颗根权值最小的二叉树，作为一颗新二叉树的左右子树，加入森林（标记新的二叉树的根结点权值为其左右子树根结点权值之和，标记左右孩子编号），选择方法 select 如下：

如果叶子结点已取完，则返回非叶子结点编号，指针 p2 下移；

否则如果叶子结点权值小于等于非叶子结点权值，返回叶子结点编号，指针 p1 下移；

否则，返回非叶子结点编号，指针 p2 下移。

③删除：从森林中删除被选中的两颗二叉树（标记两颗二叉树的双亲，标记其是父结点的左/右孩子）。

（2）构造哈夫曼编码，输出带权路径长度方法同前面算法。

对 5 个权为 3、8、7、5、2，建立哈夫曼树过程：

1）输入叶子结点数 5，初始化权值，并按权值排序，见表 5–11。

表 5–11　建立哈夫曼树

| i | no | w | parent | LChild | Rchild | LoR | L |
|---|----|---|--------|--------|--------|-----|---|
| 1 | 5 | 2 | 6 | | | 0 | |
| 2 | 1 | 3 | 6 | | | 1 | |
| 3 | 4 | 5 | 7 | | | 0 | |
| 4 | 3 | 7 | 8 | | | 0 | |
| 5 | 2 | 8 | 8 | | | 1 | |

| i | no | w | parent | LChild | Rchild | LoR | L |
|---|----|----|--------|--------|--------|-----|---|
| 6 | 6 | 5 | 7 | 5 | 1 | 1 | |
| 7 | 7 | 10 | 9 | 4 | 6 | 0 | |
| 8 | 8 | 15 | 9 | 3 | 2 | 1 | |
| 9 | 9 | 25 | | 7 | 8 | | |

2）指针 p1 指向第 1 行的结点 5，指针 p2 指向第 6 行，构造结点 6：

①初始化编号 6，权值为 INF；

②选择左孩子 s1=5，右孩子 s2=1，指针 p1 移到第 3 行，结点 6 的权值改为 5；

③标记左右孩子的父结点为 6，标记其是父结点的左、右孩子。

3）指针 p1 指向第 3 行，指针 p2 指向第 6 行，构造结点 7：

①初始化编号 7，权值为 INF；

②选择左孩子 s1=4，指针 p1 指向第 4 行，右孩子为 6，指针 p2 指向第 7 行，结点 7 的权值改为 10；

③标记左右孩子的父结点为 7，标记其是父结点的左、右孩子。

4）指针 p1 指向第 4 行，指针 p2 指向第 7 行，构造结点 8：

①初始化编号 8，权值为 INF；

②选择左孩子 s1=3，右孩子 s2=2，指针 p1 指向第 6 行，结点 8 的权值改为 15；

③标记左右孩子的父结点为 8，标记其是父结点的左、右孩子。

5）指针 p1 指向第 6 行，指针 p2 指向第 7 行，构造结点 9：

①初始化编号 9，权值为 INF；

②选择左孩子 s1=7，右孩子 s2=8，指针 p2 指向第 9 行，结点 9 的权值改为 25；

③标记左右孩子的父结点为 9，标记其是父结点的左、右孩子。

6）构造哈夫曼编码，输出带权路径长度过程同前（略）。

### 5.5.7.3 程序实现

```
1   #include <algorithm>                    //c5_5_2
2   using namespace std;
3   #define N 10                            //最多叶子结点个数
4   #define M 2 * N−1                        //最多结点个数
5   #define INF 1000                        //无穷大
6   struct Node
7   {
8      int no;                             //编号
9      int w;                              //结点的权值
10     int parent;                         //双亲编号
11     int LChild;                         //左孩子编号
12     int RChild;                         //右孩子编号
13     int LoR;                            //是双亲的左孩子/右孩子
14     int L;                              //路径长度
15  }ht[M+1];
16  int n;                                 //叶子结点个数
17  int pp1, pp2;
```

```
18   int * p1 =&pp1, * p2 =&pp2;              //两指针，用于指向叶子结点和非叶子结点
19   bool comp(Node a, Node b)
20   {
21     return a. w<b. w;                       //按权值从小到大排
22   }
23   bool comp1(Node a, Node b)
24   {
25     return a. no<b. no;                     //按编号从小到大排
26   }
27   int select()                              //选择父结点为0且权值最小的结点
28   {
29     if(* p1>n)                              //已取完叶子结点
30       return (* p2)++;                      //取非叶子结点
31     else if(ht[* p1]. w<=ht[* p2]. w)       //叶子结点权值小于非叶子结点
32       return (* p1)++;                      //取叶子结点
33     else
34       return (* p2)++;                      //取非叶子结点
35   }
36   void crtk(int k)                          //创建第 k 个非叶子结点
37   {
38     int i, s1, s2;
39     i=n+k;
40     ht[i]. no=i;                            //非叶子结点编号
41     ht[i]. w=INF;                           //初始化非叶子结点权值为无穷大
42     s1=select();                            //选择父结点为0且权值最小的结点
43     s2=select();
44     ht[i]. w=ht[s1]. w+ht[s2]. w;           //两个结点合并
45     ht[i]. LChild=ht[s1]. no;               //左孩子是 s1
46     ht[i]. RChild=ht[s2]. no;               //右孩子是 s2
47     ht[s1]. parent=i;
48     ht[s2]. parent=i;                       //s1，s2 的父结点是 i
49     ht[s1]. LoR=0;                          //s1 是父结点的左孩子
50     ht[s2]. LoR=1;                          //s2 是父结点的右孩子
51   }
52   void crtHuffman()                         //创建 Huffman 树
53   {
54     int i, k;
55     scanf("%d", &n);                        //输入叶子结点数
56     for (i = 1;i <= n;i++)
57     {
58       ht[i]. no=i;                          //输入叶子结点权值
59       scanf("%d", &ht[i]. w);               //初始化，创建叶子结点
60     }
61     sort(ht+1, ht+n+1, comp);               //叶子结点按权值从小到大排序
62     pp1=1;                                  //指向第 1 个叶子结点
63     pp2=n+1;                                //指向第 1 个非叶子结点
64     for(k=1;k<=n-1;k++)                     //n-1 个非叶子结点
65       crtk(k);                              //创建非叶子结点
66   }
67   void Huffman()                            //求哈夫曼编码及带权路径长度
68   {
```

```
69    int i, t, j;
70    char a[N+1];                              //最长编码
71    int wpl=0;                                //初始化带权路径长度
72    sort(ht+1, ht+n+1, comp1);               //叶子结点按编号排序
73    for(i=1;i<=n;i++)                        //对所有的叶子结点
74    {
75      t=i;                                   //暂存叶子结点编号
76      j=n;                                   //初始化编码位置,从后开始向前
77      a[j]='\0';                             //字符串结束标志
78      while(ht[t].parent!=0)                 //从叶子结点开始,一直到根结点
79      {
80        a[--j]=ht[t].LoR+48;                 //转化为字符编码,数字与字符间差48
81        t=ht[t].parent;                      //取其父结点编号
82      }
83      ht[i].L=n-j;                           //叶子结点到根结点路径长度
84      wpl=wpl+(n-j)*ht[i].w;                 //累计带权路径长度
85      printf("%d:%s\n", ht[i].w, a+j);       //输出叶子结点权值及编码
86    }
87    printf("%d\n", wpl);                     //输出二叉树的带权路径长度
88  }
89  void main()
90  {
91    crtHuffman();                            //创建 Huffman 树
92    Huffman();                               //哈夫曼编码及带权路径长度
93  }
```

子函数 comp、comp1、Huffman、主函数 main 与前例相同;第 5 行定义无穷大 INF 为 1000;第 18 行定义两个指针,分别指向叶子结点和非叶子结点;第 27~35 行子函数 select 用于选择父结点为 0 且权值最小的子树;第 41 行初始化非叶子结点时,将非叶子结点的 权值设为 INF;第 42、43 行两次调用子函数 select,选择两个父结点为 0 且权值最小的子 树;第 62、63 行初始化两指针,分别指向第 1 个叶子结点和第 1 个非叶子结点。

### 5.5.7.4　时间复杂度分析

本程序算法时间复杂度 O(nlogn),其中 n 为叶子结点数。

### 5.5.7.5　空间复杂度分析

本程序算法空间复杂度为 O(N),其中 N 为最多叶子结点数。

## 5.5.8　哈夫曼树小结

n 个权值 $w_i(i=1, 2, …, n)$ 构成一棵有 n 个叶子结点的二叉树,叶子结点的路径长 度为 $l_i(i=1, 2, …, n)$,该树的带权路径长度是从树根到每一叶子结点的带权路径长度 之和,记为 $wpl=w_1l_1+w_2l_2+…+w_nl_n$。哈夫曼树权值越大的结点距离根结点越近,这就意 味着权值越大的结点它的路径长度越短,因此哈夫曼树是一种带权路径长度最短的二叉 树。当然哈夫曼树也可以是 k 叉的,只是在构造 k 叉哈夫曼树时需要进行一些调整。构造 哈夫曼树的思想是每次选 k 个权重最小的元素来合成一个新的元素,该元素权重为 k 个元 素权重之和。

# 5.6　贪心法小结

贪心法把一个复杂问题分解为一系列较为简单的局部最优选择，每一步选择都是对当前解的扩展，直到获得问题的完整解。贪心法的典型应用是求解最优化问题，即使不能得到整体最优解，通常也是最优解的很好近似。

贪心法求解问题具有以下局限性：

（1）不能保证解是最佳的，因为算法只是从局部出发，没从整体考虑；

（2）一般用来求最大或最小解问题；

（3）只能求满足某些约束条件的可行解。

# 5.7　习题 5

（1）填空题：

```c
//在 N 行 M 列的正整数矩阵中,要求从每行中选出 1 个数,使得选出的 N 个数的和最大。
#include <stdio.h>
#define max 100
int N, M;
int Max;
int Sum=0;
int a[max][max];
int main()
{
  int i, j;
  scanf("%d %d", &N, &M);
  for(i=0;i<N;i++)
    for(j=0;j<M;j++)
      scanf("%d", &a[i][j]);
  for(i=0;i<N;i++)
  {
    Max=0;
    for(j=0;j<M;j++)
    {
      if(a[i][j]>Max)
        _____;
    }
    Sum+=Max;
  }
  printf("%d\n", Sum);
  return 0;
}
```

（2）问答题：

1）什么是贪心法，它的特点是什么？

2）谈谈贪心法的优缺点？

（3）算法设计题：

有 n 个人排队到 r 个水龙头去打水，他们装满水桶的时间 $t_1$，$t_2$，…，$t_n$ 为整数且各不相等，应如何安排打水顺序才能使他们总共花费的时间最少？

Input

第一行 n    r(n≤500，r≤75)

第二行为 n 个人打水所用的时间 $t_i$（$t_i$≤100）

Output

最少的花费时间

Sample Input

3    2

1    2    3

Sample Output

7

# *6* 回　溯

## 6.1　回溯概述

回溯法的基本做法是搜索，通过对解空间树进行有效搜索求出问题的所有解或任一解。回溯法比一般的穷举法具有更好的效率，是对蛮力法的一种改进算法，能避免不必要搜索，有"通用的解题法"之称。对于待求解问题，当需要找出它的所有解，或是满足某些约束条件的最佳解时，通常可以使用回溯法。

回溯法对于问题的解空间的搜索，按深度优先的策略进行。一般的搜索原理是从根结点出发对解空间树实现遍历，而回溯法在遍历的同时，还会增加相应的判断工作，首先判断该结点是否有可能包含问题的解，如果肯定不包含，则跳过对以该结点为根的子树的搜索，逐层向其祖先结点回溯；如果有可能包含，则进入该子树，继续按深度优先策略搜索。这种以深度优先的方法系统地搜索问题解空间的算法称为回溯法，是一种试探求解的方法，它适合于解一些组合数较大的问题。回溯法思想如图 6-1 所示。

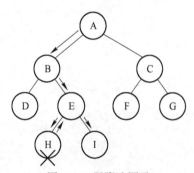

图 6-1　回溯法图示

用回溯法可以系统地搜索一个问题的所有解或最优解。回溯法是一个既带系统性又带有跳跃性的搜索算法。回溯法在用来求问题的所有解（或最优解）时，要回溯到根结点，且根结点下的所有子树都被搜索，算法才结束。对于只需要求出其中一个解即可的问题时，只要搜索到一个解，算法就结束。

## 6.2　回溯框架及实施步骤

### 6.2.1　问题的解空间

回溯法求解问题时，需要明确定义问题的解空间。一个问题的解空间是该问题所有可能的解所构成的集合。穷举算法就是对解空间进行遍历，找出问题的解。回溯法在这个基础上，增加一些判断，提高搜索的效率。以下通过几个典型实例理解解空间的概念。

**例 6-1** 子集和问题。

问题描述：给定一个整数 M 和 n 个大于 0 的整数 $a_1$，$a_2$，…，$a_n$，要求从 n 个整数的集合 $\{a_1, a_2, …, a_n\}$ 中找出所有满足如下条件的子集：子集中各个元素之和等于 M。例如，给定 M 为 31，包含 4 个整数的集合 $\{a_1, a_2, a_3, a_4\} = \{13, 24, 11, 7\}$。可以看出问题的两个解为子集 $\{24, 7\}$、$\{13, 11, 7\}$，用集合中数据 $a_i$ 的下标表示，两个解可表示为 (2, 4)、(1, 3, 4)。问题的所有可能解可依次表示为：( )，(1)，(2)，(3)，(4)，(1, 2)，(1, 3)，(1, 4)，(2, 3)，(2, 4)，(3, 4)，(1, 2, 3)，(1, 2, 4)，(1, 3, 4)，(2, 3, 4)，(1, 2, 3, 4)，这些可能解（也称候选解）就构成了问题的解空间。

用数据的下标表示子集的方法构成的解空间中各个可能解的长度是不等的，为方便实现算法，可以采用等长向量形式表示可能解。将上述方法转换为用一个 n 元组 $(x_1, x_2, x_3, x_4)$ 表示一个可能解，其中 $x_i \in \{0, 1\}$。$x_i$ 的值为 0 时，表示没有选择 $a_i$，$x_i$ 的值为 1 时则表示选择了 $a_i$。用这种方式表示，上例中的两个解可表示为 (0, 1, 0, 1)，(1, 0, 1, 1)，构成整个解空间的可能解依次为：(0, 0, 0, 0)，(1, 0, 0, 0)，(0, 1, 0, 0)，(0, 0, 1, 0)，(0, 0, 0, 1)，(1, 1, 0, 0)，(1, 0, 1, 0)，(1, 0, 0, 1)，(0, 1, 1, 0)，(0, 1, 0, 1)，(0, 0, 1, 1)，(1, 1, 1, 0)，(1, 1, 0, 1)，(1, 0, 1, 1)，(0, 1, 1, 1)，(1, 1, 1, 1)。

上述两种方法构成的解空间，分别用不等长向量和等长向量两种方式表示一个候选解，所构成的解空间中候选解的个数都是 $2^n$。不等长解向量、等长解向量所构成的解空间分别如图 6-2、图 6-3 所示。图 6-2 给出的解空间是树型结构的每一个结点对应一个可能解。图 6-3 中的解空间则是每一个叶子结点对应一个可能解。

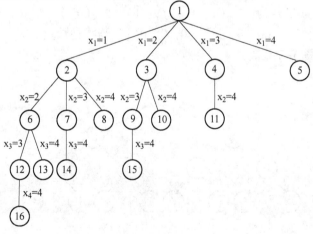

图 6-2 子集和问题不等长解向量对应的解空间

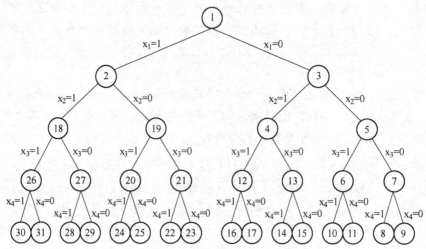

图6-3　子集和问题等长解向量对应的解空间

同一个问题的可能解可以有多种表示形式，通常选择构成的解空间更小、需要较少的存储量、搜索更为方便的表达方式。一般情况下，回溯法采用将可能解表示成等长向量的形式。关于解空间，有如下定义：

**问题的解向量**：回溯法将一个问题的解表示成一个 n 元式 $(x_1, x_2, \cdots, x_n)$ 的形式。

**显约束**：对分量 $x_i$ 的取值限定。

**隐约束**：为满足问题的解而对不同分量之间施加的约束，如满足某函数 $P(x_1, x_2, \cdots, x_n)$。

**解空间**：对于一个问题，解向量满足显式约束条件的所有元组的集合构成了该问题的一个解空间。通常将问题的解空间用树型结构的形式组织，对应的树型结构称为解空间树，也称为状态空间树。对于状态空间树的搜索就是遍历所有的可能解，找出满足要求的解向量。

0-1 背包问题，当物品数量 n 为 3 时，对应的状态空间树如图 6-4 所示。相应的状态空间树中可能解向量集合为：$\{(1, 1, 1), (1, 1, 0), (1, 0, 1), (1, 0, 0), (0, 1, 1), (0, 1, 0), (0, 0, 1), (0, 0, 0)\}$。当物品数量 n 为 4 时，对应的状态空间树结构实际上和图 6-3 相同。

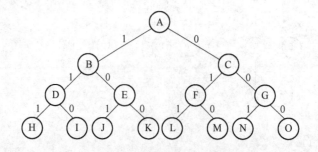

图6-4　3个物品的 0-1 背包问题状态空间树

状态空间树实际上是解空间的树结构。状态空间树的每个问题结点对应一个子解空间，同时也代表已经做出的一些选择。状态空间树是在算法执行中产生的。

**状态空间**：由树结构的根结点到其他结点的所有路径确定了这个问题的状态空间。

**问题状态**：树中的每一个结点确定所求解问题的一个问题状态。代表问题状态的结点称为问题结点。

**解状态**：解状态由若干问题状态构成，从根到一个问题状态的路径确定解空间中的一个元组。解状态对应的结点称为解结点。

**答案状态**：满足隐式约束条件的解状态即为答案状态。

**活结点**：已生成一个以上子结点，但所有子结点尚未全部生成的结点。

**死结点**：不再进一步扩展或已产生了所有子结点的结点。

**扩展（E-）结点**：当前正在生成子结点的活结点。在一个扩展结点变成死结点之前，它一直是扩展结点。

**深度优先生成方法**：一个 E-结点展开一个子结点后，就让该子结点成为 E-结点的状态生成方法（相当于对状态空间树做深度优先搜索），称为深度优先生成方法。

### 6.2.2 回溯法基本思想

**回溯法**：加上限界判定的深度优先生成方法称为回溯法。

回溯法从根结点出发，按照深度优先原则遍历状态空间树。具体搜索过程如下：从根结点出发，此时根结点为活结点，同时成为当前的扩展结点，在这个当前扩展结点的位置，按纵深方向移动到一个新结点，使其成为新的活结点，并成为当前扩展结点。如果当前扩展结点不能再往纵深方向移动，则当前扩展结点成为死结点，此时回溯至最近的一个活结点，并使其成为当前的扩展结点。不断重复以上操作，直到完成搜索。从以上搜索策略可以看出，对状态空间树的搜索实际上是一个递归的过程，当找到问题的解或者解空间中没有新的活结点时搜索结束。

要完成对状态空间树的搜索，最直接的方法是穷举法，将所有的可能解逐个进行验证。这种方法简单易懂，但是存在效率不高的问题。回溯法是对穷举法的一种改进。算法不是直接验证每个可能解是否是真正解，而是每次只构造可能解向量的一个分量。状态空间树中根结点到第二层结点的不同分支表示候选解向量的第一个分量的选择，第二层结点与第三层结点的分支表示第二个分量的选择，…，直到叶子结点代表候选解的最后一个分量。从根结点出发到叶子结点形成的路径就对应一个完整的候选解。从根结点到第 i+1 层某个结点得到的路径表示的是一个候选解的前 i 个分量，回溯法的主要思想是在到达叶子结点之前，如果能够判断出从当前活结点往下的路径不可能构成真正解，则提前结束这条路径上的遍历，回溯到上层父结点，继续遍历。通过这样的方式，可减少一些路径的遍历，提高算法效率。

以子集和问题图 6-3 为例，回溯法的搜索过程如下：

（1）从根结点 1 出发，选择左分支到达结点 2，此时构成对应的可能解向量的第一个分量，该分量值为 1，表示选择第一个数据 13。

（2）按照深度优先的原则，从结点 2 的左分支到达结点 18，此时构成可能解的第二个分量，该分量值为 1，即所得到的候选解前两个分量为（1，1），此时对应的子集和为 13+24＝37。通过判断可知，这个值已经超过了 M，可知结点 18 往纵深方向的结点，所形成的路径对应的子集和也会超过 M，也就是说结点 18 往下的结点 26、27、30、31、28、29 都不需要逐一进行检测。此时可以将结点 18 以下的分枝进行剪枝，同时回溯到 18 的上层结点，即结点 2。

（3）从结点 2 出发，按深度优先，进入右分支，到达结点 19，此时构成可能解的第二个分量，该分量值为 0，即所得到的候选解前两个分量为（1，0），此时对应的子集和为 13，这个值小于 M，所以结点 19 为当前扩展结点。按深度优先原则，进入结点 19 的左分支到达结点 20，构成可能解的第三个分量，值为 1，此时候选解的前三个分量为（1，0，1），对应的子集和为 13+11＝24，24 小于 M，则结点 20 为新的可扩展结点。

（4）从结点 20 出发，进入左分支结点 24，此时构成可能解的第四分量，该分量值为 1，即所得到的候选解前四个分量为（1，0，1，1），子集和等于 M 的值 31。此时得到问题的一个解（1，0，1，1）。如果只需要求出问题的一个解，则搜索到此结束。如果需要找出问题的所有解，则逐层回溯，先由结点 24 回溯到它的父结点 20，按深度优先访问右分支；再回溯至结点 20 的父结点 19，访问结点 19 的右分支；回溯至结点 19 的父结点 2，此时结点 2 的所有分支都已遍历，则回溯至结点 2 的父结点，即根结点，按照深度优先的方法，继续搜索根结点的右分支。直至完成整个状态空间树的搜索。

### 6.2.3　递归回溯

递归回溯法实施步骤如下：

（1）针对所给问题，定义问题的解空间；

（2）确定易于搜索的解空间结构；

（3）以深度优先方式搜索解空间，并在搜索过程中用剪枝函数避免无效搜索。

常用的剪枝函数包括用约束函数在扩展结点处剪去不满足约束的子树，用限界函数剪去得不到最优解的子树。

回溯法实质上是对状态空间树进行遍历，从中找出问题的解。与一般的树遍历算法不同的是，树结构并不是在遍历前就已经建立好，而是在遍历过程中，通过对可扩展结点的访问增加解向量的分量。回溯法实际上产生并访问的结点数量并非是整个状态空间树的所有结点，通常只是状态空间树中所有结点的一小部分，这也说明了回溯法在效率上远优于穷举法。在算法的搜索过程中动态产生相应的解向量，不需要保存整个状态空间树，只需保存从根结点到当前访问的可扩展结点这条路径，计算空间的耗费可得到很大程度的降低。假设从根结点到叶子结点的最长路径长度为 m，则回溯法需要的计算空间为 $O(m)$，而完整地保存整个状态空间树需要的存储空间为 $O(2^m)$ 或 $O(m!)$。

回溯法按深度优先搜索状态空间树，树结构本身是一种递归定义的数据结构，通常可用递归方法实现对树结构的遍历，递归法也是回溯法搜索的有效方法之一。

```
1    void backtrack (int k)
2    {
3      if (k>n) output(x);
4      else
5        for (int i=f(n, k);i<=g(n, k);i++)
6        {
7          x[k]=h(i);
8          if (constraint(k)&&bound(k))
```

```
9            backtrack(k+1);
10       }
11 }
```

其中，参数 k 表示递归深度，也就是当前访问的可扩展结点在状态空间树中的深度；n 表示深度界限，当递归深度超过 n 时，表示已经搜索到叶子结点，output(x)操作表示输出或者保存得到的可行解。在前面介绍的子集和问题中，n 为数据集合中数据个数；0-1 背包问题中，n 为物品的数量。n 即为可能解向量的长度。f(n, k)、g(n, k)分别表示当前扩展结点未搜索过的子树的起始编号和终止编号，h(i)则表示在当前可扩展结点处x[k]的第 i 个可选值。constraint(k) &&bound(k)这个条件判断是检测当前可扩展结点对于约束条件和限界条件是否满足。constraint(k)函数返回值为 true 时，表示在当前可扩展结点处对应可能解的前 k 个分量所构成的解向量$(x_1, x_2, \cdots, x_k)$满足问题的约束条件，可以继续往下搜索；如果 constraint(k)函数返回值为 false 时，表示解向量$(x_1, x_2, \cdots, x_k)$不满足约束条件，不需要继续往下搜索，此时不再继续执行 backtrack(k+1)，也就是下一层的搜索，起到剪枝的作用，相当于该可扩展结点对应的一个分支被剪掉。如果 bound(k)返回值为 true，表示在当前可扩展结点处对应的解向量$(x_1, x_2, \cdots, x_k)$未使目标函数越界，还可以继续往下搜索；如果 bound(k)返回值为 false，表示解向量$(x_1, x_2, \cdots, x_k)$已经使得目标函数越界，不需要再继续往下搜索，同样进行剪枝操作。

for 循环执行完毕，当前可扩展结点的所有待搜索的子树都已完成搜索。backtrack(k)执行之后，返回上一层，即 k-1 层继续执行，对解向量中的第 k-1 个分量 $x_{k-1}$还未检测过的值继续搜索。不断递归执行，直到层数为 1，即 k 的值为 1，同时解向量中的第 1 个分量 $x_1$ 的所有可能值已经完成检测，即根结点对应的各个分支都已完成搜索，外层调用就全部结束。以上搜索过程是按照深度优先的方式实现的。通过调用 backtrack(1)便可以完成整个状态空间树的搜索，得到问题的解。

### 6.2.4 子集树和排列树

回溯法在问题的状态空间树中，以深度优先策略从根结点出发搜索状态空间树。回溯法中常用的状态空间树有两种形式，分别是子集树和排列树。

当所求问题的解是从 n 个元素的集合 S 中找出满足某种性质的子集时，相应的解空间树称为子集树。例如 n 个物品的 0-1 背包问题，所求出的解是 n 个物品的子集，满足背包的价值最大。子集和问题，所求出的解是 n 个数据中的子集，满足的条件是子集中的数据之和等于给定的 M 值。子集树的结构如图 6-4 所示，图 6-4 所示为 3 个物品的 0-1 背包问题对应的状态空间树。可以看出，子集树将问题抽象转化为一棵二叉树，3 个物品对应的选择组合构成的子集数量为 $2^n$，该二叉树为具有 $2^n$ 个叶子结点的满二叉树。遍历子集树需 $O(2^n)$ 计算时间。

回溯法搜索子集树的算法（框架 1）：

```
1  void backtrack (int k)
2  {
3    if (k>n) output(x);
4    else
5      for (int i=0;i<=1;i++)
6      {
```

```
7         x[k]=i;
8         if(constraint(k)&&bound(k))
9             backtrack(k+1);
10    }
11 }
```

当所求问题的解是从 n 个元素的集合 S 中找出满足某种性质的排列时，相应的解空间树称为排列树。排列树的典型例子是旅行商问题。

旅行商问题是一个典型的 NP 问题（Non-deterministic Polynomial Complete 问题）。一个推销员要去 n 个城市推销商品，该推销员从一个城市出发，经过所有城市后回到出发城市。旅行商问题是求一条行进路线，使得总的行程最短。如图 6-5 所示的是 4 个城市的旅行商问题，边的权值表示两个城市之间的路程长度。以下序列表示不同的旅行线路 (1, 2, 4, 3)、(1, 3, 2, 4)、(1, 4, 3, 2)，可以看出不同的城市访问顺序所形成的总路程长度是不同的。该问题所求解即是一个城市序列，其对应的路程长度最短。城市序列实际上就是 4 个城市的不同排列形式。该问题实质是在一个带权完全无向图中找一个权值最小的 Hamilton 回路（哈密尔顿回路）。

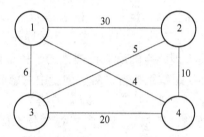

图 6-5　4 个城市的旅行商问题

4 个城市的旅行商问题，对应的状态空间树如图 6-6 所示，这就是典型的排列树结构。排列树与子集树不同的地方在于每个结点的子结点数量不再固定为 2，子集树实际上是二叉树。如图 6-6 所示的排列树，从根结点出发到叶子结点的路径为 6 条，也即是 3! 条路径。对于规模为 n 的旅行商问题，排列树中叶子结点的数量为 (n-1)!。遍历排列树需 O((n-1)!) 计算时间，时间复杂度为 O(n!)。

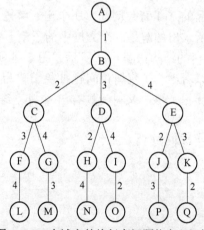

图 6-6　4 个城市的旅行商问题状态空间树

回溯法搜索排列树的算法（框架2）为：

```
1   void backtrack (int k)
2   {
3     if (k>n) output(x);
4     else
5       for (int i=k;i<=n;i++)
6       {
7         swap(x[k], x[i]);
8         if (constraint(k)&&bound(k))
9           backtrack(k+1);
10        swap(x[k], x[i]);
11      }
12  }
```

主函数中调用 backtrack 对排列树进行回溯搜索之前，需要对存放解向量的数组初始化为单位排列，即数组 x 中各元素初始化为 $(1, 2, 3, \cdots, n)$。

子集树的时间复杂度为 $O(2^n)$，排列树的时间复杂度为 $O(n!)$，在未对状态空间树进行剪枝的情况下，算法时间复杂度是比较大的。但是回溯法可以通过约束函数及限界函数对中间结点进行判断，如判断出某一个中间结点不可能构成问题的解，则将该结点的子树进行剪枝，不再继续访问它的孩子结点，继而回溯至父结点，再按照深度优先策略访问另外的孩子结点。通过剪枝操作，算法不再需要对每一条从根结点出发至叶子结点的路径都进行访问，从而有效地提高了算法效率。

### 6.2.5 迭代回溯

对解空间树的搜索，也可以用非递归方式实现。迭代回溯框架描述如下：

确定问题的搜索范围，一般用参数 n、m 描述，其中 $n \geq m$，一般情况下，n 为解空间的规模，也就是解空间树的深度；m 为解向量长度。

用数组 x 表示解向量；变量 begin 表示初值，一般取 1，指第 1 个向量下标，变量 end 表示终值，指最后一个向量下标，from 指第 1 个向量可取的值，back 指向量最后 1 个可取的值。迭代回溯的框架（框架3）描述如下：

```
1    初始化初值 begin,终值 end,取值点 from,回溯点 back,方案数 num=0
2    i=begin;                    //初值
3    x[i]=from;                  //取值点
4    while(1)
5    {
6      g=1;                      //用于控制某些操作是否执行
7      if(剪枝约束条件)
8        g=0;
9      if(g && 终止结束条件)
10     {
11       if(输出约束条件)
12       {                       //输出一个解;
13         num++;                //方案数加 1
14       }
15     }
16     if(i<end &&g)
17     {
```

```
18    i++;
19    x[i]=from;                        //取值点 from
20    continue;
21  }
22  while(x[i]==back && i>begin)         //回溯点 back,初值 begin
23    i--;                              //迭代回溯
24  if(x[i]==back && i==begin)           //回溯点 back
25    break;                            //退出循环结束探索
26  else
27    x[i]=x[i]+1;                       //尝试下一个值
28 }
29 //输出方案数 num
```

在搜索过程中，如果未到达叶子结点之前就判断出当前解不可能成为问题的一个解，则这个约束条件设置为剪枝约束条件，能够提前结束这个分支上的搜索。到达叶子结点后进行的判断设置为终止约束条件，这个约束条件通常是解的长度。输出约束条件通常是最终需要满足的一些条件。算法中涉及的回溯点、取值点、约束条件等需要根据具体的问题分析设计。为方便描述，上述算法中数组下标从 1 开始使用，具体编程实现时请注意细节。

迭代回溯的实施步骤是：

（1）根据问题的具体情况确定初值 begin、终值 end、取值点 from、回溯点 back；

（2）确定剪枝约束条件、终止约束条件和输出约束条件；

（3）部分迭代回溯需要在取值时增加其他数据的计算，具体在上述框架的第 3、19、27 行。

## 6.3  n 皇后问题

### 6.3.1  问题描述

在 n 行 n 列的棋盘上放置不能互相攻击的 n 个皇后。根据国际象棋规则，处在同一行或同一列或同一斜线上的皇后可以互相攻击。n 皇后问题的解满足以下条件：棋盘每行均放置一个皇后，且任何 2 个皇后不在同一列，也不在同一斜线上。

### 6.3.2  算法思想

以较为简单的 4 皇后问题为例说明回溯法求解思路。4 皇后问题对应的状态空间树是一棵完全四叉树，如图 6-7 所示。从根结点出发到叶子结点的路径条数为 $4^4 = 256$ 条。从根结点出发到第二层结点线上的数字表示第一行棋盘中皇后所处的列，从第二层结点到第三层结点线上的数字表示第二行棋盘中皇后所处的列……第三层结点到叶子结点线上的数字表示第四行棋盘中皇后所处的列。

根据 4 皇后问题的描述可知，实际上不需要对整个状态空间树的所有根结点到叶子结点的路径都进行搜索，根据皇后之间位置的限制，可以对状态空间树进行剪枝操作，减少搜索路径的数量。4 皇后问题的搜索过程如图 6-8 所示，其对应的棋盘状态如图 6-9 所示。从根结点 1 出发，按深度优先搜索策略，到达结点 2，该结点表示棋盘第一行中皇后放在第一列位置上，如图 6-9（a）所示。根据两个皇后不能位于同一列的要求，则第二行

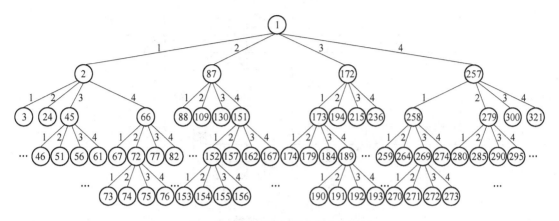

图6-7 4皇后问题部分状态空间树

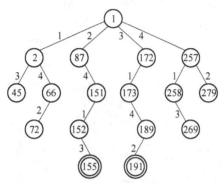

图6-8 4皇后问题搜索过程

中皇后不能放在第一列,即图中结点3及其子树可以剪去,回溯到结点2;同时根据两个皇后不能位于同一斜线,第二行中皇后也不能放在第二列,即图中结点24以及它的子树可以剪去,再回溯至结点2,继续搜索结点45,如图6-9(b)所示,此时往下搜索,会出现冲突,回溯至结点2。再搜索结点66,此时无冲突,往下搜索至结点67,出现第一行和第三行的皇后处于同一列的冲突,则回溯至结点66,往下搜索结点72,如图6-9(c)所示,往下搜索,结点72的四个子结点73、74、75、76均出现冲突,回溯至结点66,结点77、82均出现冲突,则逐层回溯至结点1,继续按照深度优先访问第二个分支,即结点87,如图6-9(d)所示,表示第一行的皇后放在第2列位置上。从结点87往下搜索,它的前三个子结点88、109、130均出现冲突,依次回溯至结点87,搜索至结点151,如图6-9(e)所示,此时无冲突,由结点151往下搜索,至结点152,如图6-9(f)所示,此时无冲突,结点152往下搜索至结点153,出现冲突,回溯至结点152,再搜索结点154,出现冲突,回溯至结点152,再搜索结点155,如图6-9(g)所示,此时无冲突,且已经到达叶子结点,得到问题的一个解。这个解用一个四元向量表示为(2,4,1,3)。

如果只需要找出一个解,则搜索到此结束,若要找出所有解,则继续按照刚才的搜索方法不断回溯,搜索,得到第二个解,如图6-9(h)所示,对应的解向量为(3,1,4,2)。

可以根据4皇后的放置规则,在构建状态空间树时先进行剪枝,如图6-10所示。第二层的结点只考虑3个分支,因为第一行的皇后放在某一列时,第二行的皇后可能的位置

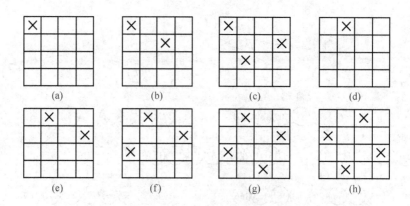

图 6-9　4 皇后的棋盘状态

只能是其余三列中的一列，同理，第三行结点只有两个分支，第四行结点只有一个分支。这个经过初步剪枝后的状态空间树比图 6-10 所示的状态空间树规模要小得多。尤其是当皇后个数比较多的时候，这种差异更加明显。图 6-10 中根结点 1 到结点 31 所得到的路径为 4 皇后问题对应的一个解。

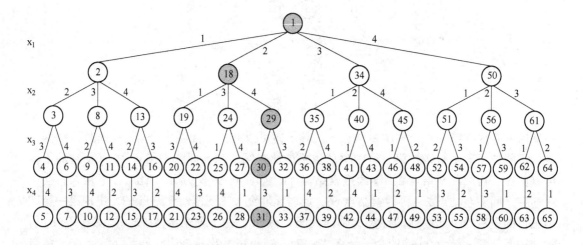

图 6-10　剪枝后的 4 皇后问题状态空间树

问题可以推广到 n 皇后，解向量为一个 n 元向量，$(x_1, x_2, \cdots, x_n)$，其中 $x_i$ 表示第 i 行中皇后所放置的列。约束条件为，两个皇后不处于同一列，所以解向量中 $x[i]$ 的值互不相等。两个皇后不能处于同一斜线上，即不处于同一正反对角线上，$|i-j| \neq |x_i-x_j|$。

### 6.3.3　解法

#### 6.3.3.1　解法 1（递归回溯框架 1）

A　算法设计

（1）输入：皇后个数 n。

（2）输出：解向量，方案数。

（3）测试用例见表 6-1。

表 6-1　n 皇后问题测试用例

| 输　入 | 输　出 |
|---|---|
| 1 | 1<br>1 |
| 2 或 3 | 0 |
| 4 | 2 4 1 3<br>3 1 4 2<br>2 |
| 5 | 1 3 5 2 4<br>1 4 2 5 3<br>2 4 1 3 5<br>2 5 3 1 4<br>3 1 4 2 5<br>3 5 2 4 1<br>4 1 3 5 2<br>4 2 5 3 1<br>5 2 4 1 3<br>5 3 1 4 2<br>10 |
| 8 | 1 5 8 6 3 7 2 4<br>1 6 8 3 7 4 2 5<br>……<br>8 4 1 3 6 2 7 5<br>92 |

### B　程序实现

```
1   #include <stdio. h>                                        //c6_3_1
2   #include <math. h>
3   int n, * x;                                                //x 用于存放问题的解
4   long num;                                                  //当前已经找到的问题的解的数目
5   bool constraint(int k)                                     //解向量是否满足约束条件
6   {                                                          //判断第 k 个皇后放得是否合适
7     for (int j=1;j<k; j++)                                   //与前面皇后判断
8       if ((abs(k-j)= =abs(x[j]-x[k]))||(x[j]= =x[k]))        //是否在同一对角线/同一列
9         return false;
10    return true;
11  }
12  void backtrack(int k)                                      //对第 k 层子树进行搜索
13  {
14    int i;
15    if (k>n)                                                 //放完 n 个皇后
16    {
17      num++;                                                 //解的数目 num 加 1
```

```
18      for (i=1;i<=n; i++)                      //打印输出结果
19        printf("%d ", x[i]);
20      printf("\n");
21    }
22    else                                       //k 的值小于等于 n
23    {
24      for (i=1;i<=n; i++)                       //尝试每一个位置
25      {
26        x[k]=i;                                 //第 k 个皇后放在第 i 列
27        if (constraint(k))                      //解向量是否满足约束条件
28          backtrack(k+1);                       //放第 k+1 个皇后
29      }
30    }
31  }
32  int main( )
33  {
34    scanf("%d", &n);                            //输入皇后个数 n
35    x=new int[n+1];
36    backtrack(1);                               //调用递归函数
37    printf("%d\n", num);                        //打印解的数目
38    delete[ ] x;
39    return 0;
40  }
```

第 3 行用一个一维数组 x 存放问题的解，为便于描述，x 中的第 1 个成员表示第 1 行中皇后放置的列位置，x 中的第 2 个成员表示第 2 行中皇后放置的列位置，…x 中的第 n 个成员表示第 n 行中皇后放置的列位置。具体实现时数组容量为 n+1。

第 4 行 num 表示当前已经找到的问题的解的数目。

第 5~11 行子函数 constraint 用于检测皇后放置是否合法，如果出现冲突，则该函数返回值为 false，不出现冲突则返回值为 true。

第 12~31 行子函数 backtrack 用框架 1 实现对第 k 层子树进行搜索。第 15 行当参数 k 的值大于 n 时，表示已经搜索至叶子结点，此时得到问题的一个解，num 的值加 1。第 22 行当 k 的值小于等于 n 时，此时访问的是状态空间树的内部结点，该结点有 n 个（未剪枝时）子结点，逐一进行试探，由函数 constraint 进行检测，根据检测是否是合法放置，进行深度优先的递归搜索，或者进行剪枝操作，剪去有冲突的子树。

主函数中第 36 行调用递归函数 backtrack(1) 实现对整个状态空间树的回溯搜索。

#### 6.3.3.2 解法 2（递归回溯框架 2）

解法 1 容易理解，对第 k 层子树进行搜索时，是对 n 个分支逐一进行检测，所检测的结点数量比较多，可以进一步优化。n 皇后问题实际上是一个排列树的回溯问题，可用回溯法搜索排列树的方式求解。

**A 算法设计**

输入、输出、测试用例同 6.3.3.1 节。

**B 程序实现**

```
1   #include <stdio.h>                           //c6_3_2
```

```
2   #include <math. h>
3   int n, * x;                                          //x 用于存放问题的解
4   long num;                                            //当前已经找到的问题的解的数目
5   bool constraint(int k)                               //解向量是否满足约束条件
6   {                                                    //判断第 k 个皇后放得是否合适
7     for (int j=1;j<k; j++)                             //与前面皇后判断
8       if ((abs(k-j)==abs(x[j]-x[k]))||(x[j]==x[k]))    //是否在同一对角线/同一列
9         return false;
10    return true;
11  }
12  void swap(int * a, int * b)                          //实现交换
13  {
14    int temp;
15    temp=* a; * a=* b; * b=temp;
16  }
17  void backtrack(int k)                                //对第 k 层子树进行搜索
18  {
19    int i;
20    if (k>n)                                           //放完 n 个皇后
21    {
22      num++;                                           //解的数目 num 加 1
23      for (i=1;i<=n; i++)                              //打印输出结果
24        printf("%d ", x[i]);
25      printf("\n");
26    }
27    else                                               //k 的值小于等于 n
28    {
29      for (i=k;i<=n; i++)                              //尝试每一个位置
30      {
31        swap(&x[k], &x[i]);                            //交换
32        if (constraint(k))                             //解向量是否满足约束条件
33          backtrack(k+1);                              //放第 k+1 个皇后
34        swap(&x[k], &x[i]);                            //交换
35      }
36    }
37  }
38  int main()
39  {
40    int i;
41    scanf("%d ", &n);                                  //输入皇后个数 n
42    x=new int[n+1];
43    for(i=1;i<=n;i++)                                  //初始化 x
44      x[i]=i;
45    backtrack(1);                                      //调用递归函数
46    printf("%d\n", num);                               //打印解的数目
47    delete[] x;
48    return 0;
49  }
```

相对于解法 1，增加子函数 swap 用于实现交换。

第 17~37 行子函数 backtrack 用框架 2 实现对第 k 层子树进行搜索。第 29 行当 k 的值

小于等于 n 时，排列树中第 k 层中间结点只有 k，k+1，…，n，n-k+1 种不同的组合。通过这种方法，可减少搜索路径。

主函数第 43、44 行用排列树形式，需要对数组 x 进行初始化，数组 x 中的值依次为 (1，2，3，…，n)。

### 6.3.3.3 解法 3 (迭代回溯框架 3)

**A 算法设计**

(1) 输入、输出、测试用例同 6.3.3.1 节。

(2) 数据存储：用一维数组 x 来存放解向量，下标从 1 开始，数组第 1 个元素表示第 1 行皇后所放置的列位置，数组第 2 个元素表示第 2 行皇后所放置的列位置……依次类推。

(3) 算法：

1) 确定初值 begin，终值 end，取值点 from，回溯点 back：

对于 n 皇后问题，解空间的深度就是 n，解向量的长度也是 n。

初值 begin=1，指第 1 个向量下标；终值 end=n，指最后一个向量下标。

每行皇后放置时，都是从第 1 列开始检测，所以取值点 from=1，每行皇后放置时检测到最后一列即可回溯，所以回溯点 back=n。

2) 剪枝约束条件：

①皇后出现在同一列：$x[i]=x[k]$。

②皇后出现在 45°角的斜线上：$|x[i]-x[k]|=|i-k|$。

3) 终止约束条件：是否达到解向量长度，即是否完成了最后一行皇后的放置。$i=end$。

4) 输出约束条件：无。

**B 程序实现**

```
1   #include <stdio. h>                              //c6_3_3
2   #include <math. h>
3   #define N 16
4   #define begin 1                                  //初值
5   #define end n                                    //终值
6   #define from 1                                   //取值点
7   #define back n                                   //回溯点
8   void Queen(int n)
9   {
10    int g, x[N+1], i, k, num;
11    num=0;                                         //方案数
12    i=begin;                                       //初值
13    x[i]=from;                                     //取值点
14    while (1)
15    {
16      g=1;                                         //用于控制某些操作是否执行
17      for(k=i-1;k>=1;k--)
18        if(x[i]==x[k] || abs(x[i]-x[k])==i-k)      //剪枝约束条件
19          g=0;
20      if(g && i==end)                              //终止结束条件,输出一个解
21      {
22        for(k=1;k<=n;k++)                          //输出一个解
```

```
23          printf("%d ", x[k]);
24        printf("\n");
25        num++;                              //方案数加 1
26      }
27      if(i<end && g)
28      {
29        i++;
30        x[i]=from;                          //取值点 from
31        continue;
32      }
33      while(x[i]==back&& i>begin)           //回溯点 back,初值 begin
34        i--;                                //迭代回溯
35      if(x[i]==back&& i==begin)             //回溯点 back
36        break;                              //退出循环结束探索
37      else
38        x[i]=x[i]+1;                        //尝试下一个值
39    }
40    printf("%d\n", num);                    //输出方案数 num
41  }
42  int main()
43  {
44    int n;
45    scanf("%d", &n);                        //输入皇后个数 n
46    Queen(n);
47    return 0;
48  }
```

第 4~7 行宏定义初值 begin、终值 end、取值点 from、回溯点 back；第 17、18 行是剪枝约束条件；第 20 行是终止结束条件。

# 6.4 0-1 背包问题

## 6.4.1 问题描述

给定 n 种物品和一个背包，物品 i 的重量是 $w_i$，其价值为 $v_i$，背包的容量为 C。0-1 背包问题是如何选择装入背包的物品，使得装入背包中物品的总价值最大。在选择装入背包的物品时，对每种物品 i 只有两种选择：装入背包或不装入背包，不能将物品 i 装入背包多次，也不能只装入物品 i 的一部分。0-1 背包问题的 0 对应该物品未放入背包，1 则对应该物品被选中放入背包中。

0-1 背包问题理论上可用穷举法求解。n 个物品的 0-1 背包问题有 $2^n$ 种可能的组合，对应每种物品有选择或者不选择两种状态，对每个组合，计算其价值和重量，从中选出重量不超过背包容量，并且价值最大的组合。算法的时间复杂度为 $O(2^n)$。当 n 的值较大时，算法耗时较多。对未剪枝的子集树进行遍历，实际上与穷举法的思路是一致的。n 种物品的 0-1 背包问题对应的子集树算法时间复杂度也是 $O(2^n)$，必须通过适当的剪枝操作来提高效率。

### 6.4.2　算法思想

以 3 种物品的 0-1 背包问题为例说明子集树的回溯过程。假设 3 个物品对应的重量依次为 {16，15，15}，价值依次为 {9，5，5}，背包容量为 30。对应的子集树结构如图 6-11 所示，左分支为 1，表示对应的物品选中放入背包，右分支为 0，表示对应的商品未被选中。

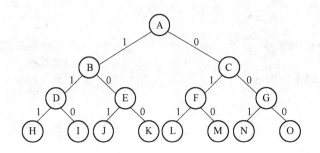

图 6-11　0-1 背包问题的子集树

搜索过程如图 6-12 所示。为便于描述，用 $C_r$ 表示当前结点状态下对应的背包剩余容量，$C_v$ 表示当前背包中物品的价值。对这棵子集树的搜索过程如下：从根结点 A 出发，此时还未选中任何一个物品，所以背包的剩余容量是 30，当前背包中物品的价值是 0。按照深度优先的遍历方法，首先访问结点 A 的左孩子结点 B，此时对应的状态为第一个物品被选中放入背包中，经检测未超出背包容量，该结点对应的 $C_r$ 值为 30-16 = 14，$C_v$ 值为 9。继续访问结点 B 的左孩子结点 D，此时对应状态为第二个物品选中放入背包中，剩余容量 $C_r$ 的值小于第二个物品的重量 15，此时超出了背包的容量，为不可行解，则结点 D 为死结点，它的子树不需要再继续访问，进行剪枝，回溯至结点 B；再访问结点 B 的右孩子结点 E，此时对应状态为第二个物品不放入背包中，$C_r$ 值为 14，$C_v$ 值为 9；继续搜索结点 E 的左孩子节点 J，对应状态为第三个物品选中放入背包中，剩余容量 $C_r$ 的值小于第三个物品的重量 15，此时超出了背包的容量，为不可行解，回溯至节点 E；再访问结点 E 的右孩子结点 K，对应状态为第三个物品未选中放入背包中，此时背包的容量为 9，已经到达叶子结点，得到当前的一个解向量为 (1，0，0)，此时的背包最大价值为 9；结点 A 的左子树访问结束，由结点 K 逐层返回至结点 E，结点 B，结点 A；再访问结点 A 的右孩子结点 C，此时对应状态为第一个物品未选中，该结点对应的 $C_r$ 值为 30，$C_v$ 值为 0；访问结点 C 的左孩子结点 F，对应状态为第二个物品放入背包中，此时 $C_r$ 值为 30-15 = 15，$C_v$ 值为 5；结点 F 为可扩展结点，继续访问结点 F 的左孩子结点 L，此时对应状态为第三个物品放入背包中，此时 $C_r$ 值为 15-15 = 0，$C_v$ 值为 5+5 = 10，此时未超出背包容量，且已到达叶子结点，此时背包中物品价值超过了在结点 K 所求出的价值 9，则将背包价值更新为 10，对应的解向量为 (0，1，1)；回溯至结点 F，再访问它的右结点 M，此时对应状态为第三个物品未放入背包中，$C_v$ 值为 5，未超过当前所记录的最优值 10，不是最优解；结点 M 回溯至结点 F，再回溯至结点 C，访问结点 C 的右孩子结点 G；同样的方式对结点 G 的左右孩子结点进行访问，相应的叶子结点所对应的背包价值均未能超过 10，所以可得背包的最大价值为10，对应的解向量为（0，1，1）。

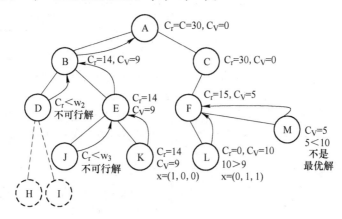

图6-12　0-1背包问题搜索过程

### 6.4.3　解法

　　回溯过程采用的剪枝策略比较简单，检测到背包中物品超过背包容量就进行剪枝，这种方法实现起来较为简单。用一个数组 x 存放当前的解向量，0-1背包问题是一个最优解问题，需要记录当前最优的价值所对应的解，用另一个数组 bestx 存放当前最优价值对应的解。各个物品对应的重量以及价值分别用两个数组 w、v 存放。当前背包的重量及价值用 sw 和 cv 表示。当前最优价值用 bestv 表示，其对应重量用 bestw 表示。

#### 6.4.3.1　解法1（框架1）

**A　算法设计**

（1）输入：物品数量 n，背包容量，各物品的重量和价值。

（2）输出：背包最大价值、装入最大容量及装入情况。

（3）测试用例见表6-2。

表6-2　0-1背包问题测试用例

| 输　入 | 输　出 |
|---|---|
| 4 5<br>2 1 3 2<br>12 10 20 15 | 背包最大价值为37，装入最大容量为5<br>装入情况为1 1 0 1 |
| 4 10<br>7 3 4 5<br>42 12 40 25 | 背包最大价值为65，装入最大容量为9<br>装入情况为0 0 1 1 |
| 5 10<br>2 4 5 9 3<br>3 7 9 14 5 | 背包最大价值为17，装入最大容量为10<br>装入情况为1 0 1 0 1 |

| 输　入 | 输　出 |
|---|---|
| 5 10<br>2 2 6 5 4<br>6 3 5 4 6 | 背包最大价值为15，装入最大容量为8<br>装入情况为1 1 0 0 1 |
| 6 60<br>15 17 20 12 9 14<br>32 37 46 26 21 30 | 背包最大价值为134，装入最大容量为60<br>装入情况为0 1 1 0 1 1 |
| 3 30<br>16 15 15<br>9 5 5 | 背包最大价值为10，装入最大容量为30<br>装入情况为0 1 1 |

### B　程序实现

```
1   #include <stdio. h>                              //c6_4_1
2   int c, n, * w, * v, * x, * bestx;                //背包容量 c, 物品数量 n
3   int sw=0, cv=0, bestv=0, bestw=0;                //当前重量 sw, 当前价值 cv, 当前最优价值 bestv
4   void input( )                                    //输入数据
5   {
6     int i;
7     scanf("%d", &n);                               //输入已知物品数
8     scanf("%d", &c);                               //背包容量
9     w=new int[n+1];                                //各物品重量 w
10    v=new int[n+1];                                //各物品价值 v
11    x=new int[n+1];                                //解向量 x
12    bestx=new int[n+1];                            //当前最优价值对应的解 bestx
13    for(i=1;i<=n;i++)
14      scanf("%d", &w[i]);                          //物品重量
15    for(i=1;i<=n;i++)
16      scanf("%d", &v[i]);                          //物品价值
17  }
18  void backtrack(int k)                            //回溯算法框架1，对第 k 层子树进行搜索
19  {
20    int i;
21    if(k>n)                                        //到达叶子结点,考虑完所有物品
22    {
23      if (cv>bestv)                                //当前背包价值超过了所记录的最高价值
24      {
25        bestv=cv;                                  //记录当前背包价值
26        bestw=sw;                                  //记录当前背包重量
27        for (i=1;i<=n;i++)                         //记录当前解
28          bestx[i]=x[i];
29      }
30    }
31    else                                           //未到达叶子结点,还有物品
32    {
```

```
33      for (i=0;i<=1;i++)                      //尝试不装或装两种情况
34      {
35        x[k]=i;                               //i=0表示不装,i=1表示装入
36        if (i==0)                             //右分支
37          backtrack(k+1);                     //考虑下一个物品
38        else                                  //左分支,装
39          if(sw+w[k]<=c)                      //可以装入
40          {
41            sw=sw+w[k];                        //装入k
42            cv=cv+v[k];
43            backtrack(k+1);                    //考虑下一个物品
44            sw=sw-w[k];                        //回溯,不装k
45            cv=cv-v[k];
46          }
47      }
48    }
49  }
50  int main( )
51  {
52    int i;
53    input( );                                 //输入数据
54    backtrack(1);                             //调用递归函数,考虑第1个物品
55    printf("背包最大价值为:%d, 装入最大容量为:%d\n 装入情况为:", bestv, bestw);
56    for (i=1;i<=n;i++)                        //输出装入情况
57      printf("%d ", bestx[i]);
58    printf("\n");
59    return 0;
60  }
```

子函数 input 输入物品数量 n，背包容量，各物品重量和价值。

算法实现的重点是回溯过程，第 18~49 行子函数 backtrack，参数 k 表示递归层数；第 21 行判断是否到达叶子结点，当到达叶子结点时，表示得到一个候选解，此时比较当前背包价值 cv 是否超过了所记录的最高价值 bestv，第 23 行如果超过，则更新背包最高价值 bestv、背包最高价值时的重量 bestw 以及数组 bestx 的值，如图中结点 L 的状态；如果未超过，则不需要更新，如图中结点 M 的状态。第 31 行当递归深度未达到叶子结点时，为回溯的核心部分。0-1 背包问题的状态空间树是子集树，以二叉树形式出现，每个中间结点只考虑左右两个结点，0 表示右分支，1 表示左分支。第 36 行 i=0 表示访问的是右子树，进入右分支，表示对应的物品未选中，以 backtrack(k+1) 形式递归调用，进入下一层的访问。第 38 行进入左分支，表示对应的物品放入背包，此时首先需要判断该物品放入背包是否超过背包容量，如果超过则要进行剪枝，即不做任何处理；第 39 行若未超出背包容量，则要更新当前背包的重量和价值，即更新 sw 和 cv 的值，分别在原来的基础上加上第 k 个物品重量 w[k]、价值 v[k]，同时以该结点作为可扩展结点，递归调用 backtrack(k+1)，进入下一层结点。第 44 行当递归调用返回时，表示回溯至当前结点，则需要再次更新 sw 和 cv 的值，减去第 k 个物品重量 w[k]、价值 v[k]。

主函数第 54 行调用递归函数 backtrack。

C 算法改进

以上程序实现了对左孩子结点的剪枝，在访问一个结点时，先判断它的左孩子结点是

否为可行结点，即放入该物品是否会超出背包容量，如果是可行结点，搜索就进入其左子树。对右子树采用的是直接搜索的简单策略，未进行剪枝处理。还可以进一步对程序进行优化，增加对右子树的剪枝功能，当右子树有可能包含最优解时才进入右子树搜索，否则将右子树剪枝。

改进后程序：

```
1   #include <stdio. h>                              //c6_4_2
2   int c, n, r, * w, * v, * x, * bestx;             //背包容量 c，物品数量 n，剩余物品的价值 r
3   int sw=0, cv=0, bestv=0, bestw=0;                //当前重量 sw，当前价值 cv，当前最优价值 bestv
4   void input( )                                    //输入数据
5   {
6     int i;
7     scanf("%d", &n);                               //输入已知物品数
8     scanf("%d", &c);                               //背包容量
9     w=new int[n+1];                                //各物品重量 w
10    v=new int[n+1];                                //各物品价值 v
11    x=new int[n+1];                                //解向量 x
12    bestx=new int[n+1];                            //当前最优价值对应的解 bestx
13    for(i=1;i<=n;i++)
14      scanf("%d", &w[i]);                          //物品重量
15    for(i=1;i<=n;i++)
16    {
17      scanf("%d", &v[i]);                          //物品价值
18      r=r+v[i];                                    //剩余物品的价值
19    }
20  }
21  void backtrack(int k)                            //回溯算法框架1，对第 k 层子树进行搜索
22  {
23    int i;
24    if(k>n)                                        //到达叶子结点,考虑完所有物品
25    {
26      if (cv>bestv)                                //当前背包价值超过了所记录的最高价值
27      {
28        bestv=cv                                   //记录当前背包价值
29        bestw=sw;                                  //记录当前背包重量
30        for (i=1;i<=n;i++)                         //记录当前解
31          bestx[i]=x[i];
32      }
33    }
34    else                                           //未到达叶子结点,还有物品
35    {
36      for (i=0;i<=1;i++)                           //尝试不装或装两种情况
37      {
38        x[k]=i;                                    //i=0 表示不装,i=1 表示装入
39        if (i==0&&cv+r>bestv)                      //右分支
40          backtrack(k+1);                          //考虑下一个物品
41        else                                       //左分支, 装
42          if(i==1&&sw+w[k]<=c)                     //可以装入
43          {
44            sw=sw+w[k];                            //装入 k
45            cv=cv+v[k];
```

```
46              r=r-v[k];                        //剩余物品的价值
47              backtrack(k+1);                  //考虑下一个物品
48              sw=sw-w[k];                      //回溯,不装k
49              cv=cv-v[k];
50              r=r+v[k];                        //剩余物品的价值
51          }
52      }
53  }
54  }
55  int main( )
56  {
57      int i;
58      input( );                                //输入数据
59      backtrack(1);                            //调用递归函数,考虑第1个物品
60      printf("背包最大价值为:%d,装入最大容量为:%d\n装入情况为:", bestv, bestw);
61      for (i=1;i<=n;i++)                        //输出装入情况
62          printf("%d ", bestx[i]);
63      printf("\n");
64      return 0;
65  }
```

主函数与前例相同。

第2行增加一个变量 r,表示当前剩余物品的价值总和;第18行在输入物品重量的同时统计 r;第39行当背包的当前价值 cv 加上剩余物品的价值和 r 都未能超过当前所记的最优价值 bestv,说明这个右子树中所有可能构成的解向量都不可能成为最优解,可进行剪枝操作,不需要进行递归访问。即如果 cv+r≤bestv 这个条件成立,则剪去右子树。条件 i=0 表示访问的是右子树,cv+r>bestv 表示该右子树有可能构成新的最优解,这两个条件同时成立,才进入右子树的递归遍历。在对左子树的访问中,当选中第 k 个物品,第46行相应的 r 值要减掉第 k 个物品的价值 v[k],递归结束,回溯至当前结点时,第50行要将 r 值加上第 k 个物品的价值 v[k]。

### 6.4.3.2 解法2(框架3)

**A 算法设计**

(1)输入、输出、测试用例同6.4.3.1节。

(2)数据存储:用一维数组 x 来存放解向量,下标从1开始,数组第 i 个元素表示第 i 个物品是否放入背包,1表示放入背包,0表示不放入背包。

(3)算法:

1)确定初值 begin,终值 end,取值点 from,回溯点 back。

对于0-1背包问题,解空间的深度就是物品的数量 n,解向量的长度也是物品的数量 n。

初值 begin=1,指第1个向量下标;终值 end=n,指最后一个向量下标;

每个物品时,要么放入,要么不放入,先假设可以放入背包,所以取值点 from=1。

回溯点可设为 back=0。

2)剪枝约束条件:

①背包已经放不下物品了,即背包当前容量小于0。

②背包的当前价值 cv 加上剩余物品的价值和 r 都未能超过当前所记的最优价值 bestv。

3）终止约束条件：是否达到解向量长度，即已经检测了所有的物品。i=end。

4）输出约束条件：当前背包的价值是否是最优价值，如果是最优价值，把最优解向量的值更新为当前解向量。

### B 程序实现

```
1   #include <stdio. h>                                    //c6_4_3
2   #define begin 1                                        //初值
3   #define end n                                          //终值
4   #define from 1                                         //取值点
5   #define back 0                                         //回溯点
6   int c,n,r, * w, * v, * x, * bestx;                     //背包容量 c, 物品数量 n, 剩余物品的价值 r
7   int sw=0,cv=0,bestv=0,bestw=0;                         //当前重量 sw, 当前价值 cv, 当前最优价值 bestv
8   void input( )                                          //输入数据
9   {
10    int i;
11    scanf( "%d", &n);                                    //输入已知物品数
12    scanf( "%d", &c);                                    //背包容量
13    w=new int[n+1];                                      //各物品重量 w
14    v=new int[n+1];                                      //各物品价值 v
15    x=new int[n+1];                                      //解向量 x
16    bestx=new int[n+1];                                  //当前最优价值对应的解 bestx
17    for(i=1;i<=n;i++)
18      scanf( "%d", &w[i]);                               //物品重量
19    for(i=1;i<=n;i++)
20    {
21      scanf( "%d", &v[i]);                               //物品价值
22      r=r+v[i];                                          //剩余物品的价值
23    }
24  }
25  void bag( )                                            //迭代回溯,框架 3
26  {
27    int g, i, k;
28    i=begin;                                             //初值
29    x[i]=from;                                           //取值点
30    c=c-w[i];cv=cv+v[i], sw=sw+w[i];r=r-v[i];
31    while (1)
32    {
33      g=1;                                               //用于控制某些操作是否执行
34      if (c<0||cv+r<bestv)                               //剪枝约束条件
35        g=0;
36      if (g && i==end)                                   //终止结束条件
37        if (cv>bestv)                                    //输出约束条件
38        { bestv=cv;
39          bestw=sw;
40          for (k=1;k<=n; k++)
41            bestx[k]=x[k];
42        }
43      if (i<end&& g)
44      {
45        i++;
46        x[i]=from;                                       //取值点 from
```

```
47        c=c-w[i]; cv=cv+v[i];sw=sw+w[i];r=r-v[i];
48        continue;
49      }
50      while (x[i]==back && i>begin)              //回溯点 back,初值 begin
51        i--;                                     //迭代回溯
52      if (x[i]==back&& i==begin)                 //回溯点 back
53        break;                                   //退出循环结束探索
54      else
55      {
56        x[i]=x[i]-1;                             //尝试下一个值, 不取
57        c=c+w[i]; cv=cv-v[i];sw=sw-w[i];r=r+v[i];
58      }
59    }
60 }
61 int main( )
62 {
63    int i;
64    input( );                                    //输入数据
65    bag( );                                      //调用 bag
66    printf("背包最大价值为:%d, 装入最大容量为:%d\n 装入情况为:", bestv, bestw);
67    for(i=1;i<=n;i++)                            //输出装入情况
68      printf("%d ", bestx[i]);
69    printf(" \n");
70    return 0;
71 }
```

第 2~5 行宏定义初值 begin、终值 end、取值点 from、回溯点 back；第 34 行是剪枝约束条件：c<0 表示背包已经放不下物品了，即背包当前容量小于 0，cv+r<bestv 表示当背包的当前价值 cv 加上剩余物品的价值和 r 都未能超过当前所记的最优价值 bestv；第 36 行是终止结束条件；第 37 行是输出约束条件。

# 6.5 递归与回溯

回溯法具有"通用解法"之称，它在穷举法的基础上，增加了预判功能，通过剪枝操作，减少了对不可能构成解向量的分支的访问，极大地提高了搜索效率；回溯法的基本框架是实施穷举法，易于理解。在搜索过程中动态地产生问题的状态空间树，并不需要存储完整的状态空间树，节约了存储空间。

回溯算法的实现可以用递归和迭代两种方式，递归实现回溯程序代码简洁，易于理解。用迭代方式实现回溯算法，是通过使用树结构的非递归遍历算法实现。

# 6.6 习题 6

（1）用回溯法输出 1~n 的全排列。

（2）用回溯法求组合，从 n 个数据（用 1~n 表示）中取 m 个数据，输出每种组合形式，并输出有多少种不同的取法。

（3）整数变换问题。对于整数 i 有两种变换方式，用 f 和 g 表示，定义如下：$f(i) = 3i$、

$g(i)=\lfloor i/2 \rfloor$。设计一个算法，对于给定的两个整数 a 和 b，用最少次数的 f 和 g 变换将整数 a 变换为 b；例如 $4=\mathrm{gfgg}(15)$。

（4）子集和问题。已知一个包含 n 个正整数的集合 S，$S=\{x_1,\ x_2,\ \cdots,\ x_n\}$，给定一个整数 M。要求找出 S 中满足如下条件的子集：子集中数据之和等于 M。

例如：n=4，$S=\{13,\ 24,\ 11,\ 7\}$，M=31。

则满足要求的子集是 $\{13,\ 11,\ 7\}$ 和 $\{24,\ 7\}$。

（5）作业分配问题。设有 n 个作业要分配给 n 个人，将第 i 个工作分配给第 j 个人所需要的费用为 $c_{ij}$。设计回溯算法，为每个人分配一个不同的工作，并使得总的费用最低。请画出 n 的值为 4 时对应的状态空间树。

# 7 动态规划

## 7.1 动态规划概述

动态规划，简称 DP，依据是最优化原理。

### 7.1.1 最优化原理

最优化原理：作为整个过程的最优策略具有这样的性质：无论过去的状态和决策如何，对前面的决策所形成的状态而言，余下的诸决策必须构成最优策略。

### 7.1.2 多阶段决策最优化问题

动态规划主要用于求解多阶段决策最优化问题，在经济管理、生产调度和工程技术等方面得到了广泛应用。

多阶段决策问题是指问题可以分解成若干个相互联系的阶段，在每一个阶段都要做出决策，形成一个决策序列（可行解）。对于每一个决策序列，在满足问题约束条件下用一个函数（目标函数）衡量该决策的优劣。使目标函数取得极值（极大值或极小值）的可行解称为最优解（最优策略）。

**例 7-1** 0-1 背包问题。有一个背包，背包容量 C = 10。有 5 个物品，物品重量和价值见表 7-1 所示。要求尽可能让装入背包中的物品总价值最大，但不能超过总容量。在选择物品装入背包时，可以装入，也可以不装，但不可以拆开装。

表 7-1 物品重量及价值

| 物品 i | 1 | 2 | 3 | 4 | 5 |
|---|---|---|---|---|---|
| 重量 w | 2 | 4 | 5 | 9 | 3 |
| 价值 v | 3 | 7 | 9 | 14 | 5 |

设 $x_i$ 表示物品 i 装入背包的情况（$x_i = 1$ 表示物品 i 被装入，$x_i = 0$ 表示物品 i 没被装入）。0-1 背包问题是一个多阶段决策问题，将装每一件物品看作是一个阶段，因此共 n = 5 个阶段。每一个阶段都要做出决策，装或者不装，形成一个决策序列。如果决策第 2、4 件物品不装，第 1、3、5 件装，则序列为 (1, 0, 1, 0, 1)，类似的决策序列有 $2^5$ = 32 个。

此问题的约束条件是：$\sum_{i=1}^{5} x_i w_i \leqslant 10$, $x_i \in \{0, 1\}$ （$1 \leqslant i \leqslant 5$） （7-1）

目标函数为：$$\sum_{i=1}^{5} x_i v_i, \quad x_i \in \{0, 1\} \quad (1 \leqslant i \leqslant 5) \tag{7-2}$$

比较满足约束条件的决策序列的目标函数 $\sum_{i=1}^{5} x_i v_i$，取得的最大值 17 即为最优值，对应的决策序列 (1, 0, 1, 0, 1) 即为最优解。此问题归结为寻找满足约束条件 (7-1)，使目标函数 (7-2) 取最大值的解向量 $X = (x_1, x_2, x_3, x_4, x_5)$。

### 7.1.3　最优子结构特性

多阶段决策最优化问题具有最优子结构特性，即问题的最优解包含了子问题的最优解。从较小问题的解构造较大问题的解时，只需考虑子问题的最优解，可大大减少求解问题的计算量。最优子结构特性是动态规划求解问题的必要条件。

例如，对前面所述的 0-1 背包问题，最优解为 (1, 0, 1, 0, 1)。

$x_i = 1$，第一件物品装入后，背包容量 $C = 10 - 2 = 8$。

后面四件物品在约束条件为 $\sum_{i=2}^{5} x_i w_i \leqslant 8$，$x_i \in \{0, 1\}$ （$2 \leqslant i \leqslant 5$），目标函数为 $\sum_{i=2}^{5} x_i v_i$，$x_i \in \{0, 1\}$ （$2 \leqslant i \leqslant 5$）的最优解为 (0, 1, 0, 1)。

最优解 (1, 0, 1, 0, 1) 包含了子问题的最优解 (0, 1, 0, 1)。

动态规划设计较复杂，关键是找出最优解的递推（递归）关系。

本章首先介绍动态规划的实施步骤，然后通过几个实例说明动态规划的设计和分析方法，最后进行小结。

## 7.2　动态规划的实施步骤

使用动态规划求解最优化问题，通常按以下几个步骤实施：

（1）将问题划分为若干个阶段，找出最优解的性质。

（2）确定各阶段状态之间的递推（或递归）关系，并确定初始（边界）条件。

（3）应用递推（或递归）求解最优值。求解过程一般可以用一个最优决策表来描述，最优决策表是一个二维表，其行表示决策的阶段，列表示问题状态，从底向上依次填写表格。

（4）根据最优值构造最优解。当只需要求最优值时，此步骤可省略。

## 7.3　数塔问题

### 7.3.1　问题描述

如图 7-1 所示，有一个 n 层的数塔，从塔顶出发，在每一个结点可以选择向左斜走或向右斜走（不能水平方向走），一直走到塔底，要求找出一条路径，使得路径上的数值之和最小。

```
              1
           32    12
         18    16    5
       6    24    9    12
     22    1    24    3    17
   11    13    16    17    1    24
 10    12    14    27    28    22    30
```

图 7-1　7 层数塔

### 7.3.2　解法

#### 7.3.2.1　解法 1（动态规划 1）

数塔可以看作是一棵二叉树，将数塔用一个二维数组 a 来存储，a[i][j] 表示第 i 层、第 j 列结点（1≤i≤7，1≤j≤i）。

**A　算法设计**

a　划分阶段

由于不能水平方向走，因此，不管怎么走，都是走 n−1＝6 步到达塔底，可以将问题分为 6 个阶段。

观察数塔发现，从 7 层塔顶（第一层、树根）出发，选择向左斜（左孩子）还是向右斜（右孩子），取决于两个 6 层数塔（两颗子树，如图 7-2、图 7-3 所示）的最小数值之和。6 层数塔的最小数值之和与第 1 步的走法无关。第 1 步的走法加上最小数值之和小的 6 层数塔的走法，构成 7 层数塔最优解，因此 7 层数塔最优解中必定包括 6 层数塔最优解。

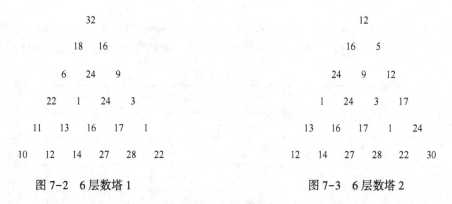

图 7-2　6 层数塔 1　　　　　　　　　　　图 7-3　6 层数塔 2

b　确定递推关系

设解向量 X＝($x_1$，$x_2$，$x_3$，$x_4$，$x_5$，$x_6$)（$x_i$ 为行走方向，$x_i$＝0 表示向左斜走，$x_i$＝1 表示向右斜走）。

数组元素 step[i][j] 表示第 i 层，第 j 列结点（1≤i≤6，1≤j≤i）的行走方向。

此问题的约束条件为：　　　　　$x_i \in \{0, 1\}$（1≤i≤6）　　　　　　　　　　(7-3)

目标函数为：
$$\sum_{i=1}^{7} a[i][j] \quad (1 \leqslant i \leqslant 7) \tag{7-4}$$

$a[i][j]$ 是经过结点的数值。

本问题是求使目标函数取最小值时的解向量 X。

设 $dp[i][j]$ 表示第 $i$ 层、第 $j$ 列结点（$1 \leqslant i \leqslant 7$, $1 \leqslant j \leqslant i$）到塔底的最小数值和。$dp[2][1]$ 表示第 2 层、第 1 列结点 32 到塔底的最小数值和，$dp[2][2]$ 表示第 2 层、第 2 列结点 12 到塔底的最小数值和。从塔顶结点 1 到塔底的最小数值和 $dp[1][1] = a[1][1] + \min(dp[2][1], dp[2][2])$。

由前面分析，可以得出递推公式：
$$dp[i][j] = a[i][j] + \min(dp[i+1][j], dp[i+1][j+1]) \quad (1 \leqslant j \leqslant i \leqslant n-1) \tag{7-5}$$

为了求最优解，用数组 step 存放行走方向，1 表示向右斜走，0 表示向左斜走。

式（7-5）也可表示为：
$$dp[i][j] = \begin{cases} a[i][j] + dp[i+1][j+1] & dp[i+1][j+1] < dp[i+1][j] \\ a[i][j] + dp[i+1][j] & dp[i+1][j+1] \geqslant dp[i+1][j] \end{cases}$$

$$step[i][j] = \begin{cases} 1 & dp[i+1][j+1] < dp[i+1][j] \\ 0 & dp[i+1][j+1] \geqslant dp[i+1][j] \end{cases} \tag{7-6}$$

边界条件：最底层结点到塔底的最小数值和为该结点的数值。
$$dp[n][j] = a[n][j] \quad (1 \leqslant j \leqslant n) \tag{7-7}$$

c  递推求最优值

本问题所求的最小路径数值和即为 $dp[1][1]$。表 7-2 是数组 a；表 7-3 是数塔问题最优决策表 dp，行表示决策阶段，从 1~7；为了构造最优解，用数组 step 存放行走方向，见表 7-4；由底向上填写表 7-3 和表 7-4。

初始化：表 7-3 第 7 行，$dp[7][j] = a[7][j]$（$1 \leqslant j \leqslant 7$），依次填写 10，12，14，…，30。

表 7-3 第 6 行，$dp[6][j] = a[6][j] + \min(dp[7][j], dp[7][j+1])$（$1 \leqslant j \leqslant 6$），$dp[6][1] = a[6][1] + \min(dp[7][1], dp[7][2]) = 11 + \min(10, 12) = 21$；因为选择的是左子树，所以表 7-4 第 6 行 $step[6][1] = 0$，依此类推，得到本问题的最优值 $dp[1][1] = 53$。

表 7-2  数组 a

|   | 1 | 2 | 3 | 4 | 5 | 6 | 7 |
|---|---|---|---|---|---|---|---|
| 1 | 1 |   |   |   |   |   |   |
| 2 | 32 | 12 |   |   |   |   |   |
| 3 | 18 | 16 | 5 |   |   |   |   |
| 4 | 6 | 24 | 9 | 12 |   |   |   |
| 5 | 22 | 1 | 24 | 3 | 17 |   |   |
| 6 | 11 | 13 | 16 | 17 | 1 | 24 |   |
| 7 | 10 | 12 | 14 | 27 | 28 | 22 | 30 |

**表 7-3 数塔问题最优决策表 dp**

| | 1 | 2 | 3 | 4 | 5 | 6 | 7 |
|---|---|---|---|---|---|---|---|
| 1 | 53 | | | | | | |
| 2 | 82 | 52 | | | | | |
| 3 | 50 | 51 | 40 | | | | |
| 4 | 32 | 50 | 35 | 38 | | | |
| 5 | 43 | 26 | 54 | 26 | 40 | | |
| 6 | 21 | 25 | 30 | 44 | 23 | 46 | |
| 7 | 10 | 12 | 14 | 27 | 28 | 22 | 30 |

**表 7-4 数塔问题行走方向 step**

| | 1 | 2 | 3 | 4 | 5 | 6 |
|---|---|---|---|---|---|---|
| 1 | 1 | | | | | |
| 2 | 0 | 1 | | | | |
| 3 | 0 | 1 | 0 | | | |
| 4 | 1 | 0 | 1 | 0 | | |
| 5 | 0 | 0 | 0 | 1 | 0 | |
| 6 | 0 | 0 | 0 | 0 | 1 | 0 |

d 构造最优解

从塔顶 $i=1$，$j=1$，$a[1][1]=1$，$step[1][1]=1$，选择右斜，$j=j+1$；

$i=2$，$a[2][2]=12$，$step[2][2]=1$，选择右斜，$j=j+1$；

$i=3$，$a[3][3]=5$，$step[3][3]=0$，选择左斜；

$i=4$，$a[4][3]=9$，$step[4][3]=1$，选择右斜，$j=j+1$；

$i=5$，$a[5][4]=3$，$step[5][4]=1$，选择右斜，$j=j+1$；

$i=6$，$a[6][5]=1$，$step[6][5]=1$，选择右斜，$j=j+1$；

$i=7$，$a[7][6]=22$，所经过结点之和为 53。

B 程序实现

```
1   #include <stdio. h>                          //c7_3_1
2   #define N 100
3   int n, i, j, a[N+1][N+1], dp[N+1][N+1], step[N][N];
4   void input( )                                //输入数据并显示
5   {
6     FILE * fp;
7     fp=fopen("DataTower4. txt", "r");          //打开文件
8     fscanf(fp, "%d", &n);                      //读入行数
9     for(i=1;i<=n;i++)                          //i 表示行
10      for(j=1;j<=i;j++)                        //j 表示列
11        fscanf(fp, "%d", &a[i][j]);            //读入数塔数据
12    fclose(fp);                                //关闭文件
13    for(i=1;i<=n;i++)
14    {
```

```
15      for(j=1;j<n*3-2*i;j++)
16        printf(" ");                            //控制输出显示
17      for(j=1;j<=i;j++)
18        printf("%4d",a[i][j]);
19      printf("\n");
20    }
21  }
22  void printroute()                            //打印结果
23  {
24    printf("最小路径和为:%d\n",dp[1][1]);       //输出最小数字和
25    printf("最小路径为:");j=1;                  // 输出和最小的路径
26    for(i=1;i<n;i++)                           //i 表示行,j 表示列
27    {
28      printf("%d",a[i][j]);
29      if(step[i][j]==1)                        //如果是向右斜走
30      {
31        printf("-R-");
32        j++;
33      }
34      else                                     //如果是向左斜走
35        printf("-L-");
36    }
37    printf("%d\n",a[i][j]);
38  }
39  void findroute()                             //构造 dp
40  {
41    for(j=1;j<=n;j++)
42      dp[n][j]=a[n][j];                        //初始化边界条件
43    for(i=n-1;i>=1;i--)                        //逆推得 dp[i][j]
44      for(j=1;j<=i;j++)
45        if (dp[i+1][j+1]<dp[i+1][j])
46        {
47          dp[i][j]=a[i][j]+dp[i+1][j+1];
48          step[i][j]=1;
49        }
50        else
51        {
52          dp[i][j]=a[i][j]+dp[i+1][j];
53          step[i][j]=0;
54        }
55  }
56  void main()
57  {
58    input();                                   //输入数据并显示
59    findroute();                               //构造 dp 和 step
60    printroute();                              //打印输出结果
61  }
```

　　程序中子函数 input 实现数据的输入，子函数 printroute 用于构造出最优解，打印输出结果，子函数 findroute 构造最优决策表 dp，记录行走方向 step，其中第 41、42 行进行初

始化，第 43~54 递推实现。

C　程序运行结果

最小路径和为：53。

最小路径为：1-R-12-R-5-L-9-R-3-R-1-L-22。

此问题后面几种解法均通过了多个相同用例测试。

D　时间复杂度分析

本程序的时间复杂度数量级为 $O(n^2)$。

E　空间复杂度分析

本程序设置 3 个二维数组，复杂度为 $O(N^2)$。

### 7.3.2.2　解法 2（动态规划 2）

此解法与解法 1 思路大体相同，只是在构造最优决策表 dp、记录行走方向 step 时用递归的方法实现。

A　算法设计

（1）描述递归关系：

$$dp[i][j] = \begin{cases} a[i][j]+dp[i+1][j+1] & dp[i+1][j+1]<dp[i+1][j] \\ a[i][j]+dp[i+1][j] & dp[i+1][j+1]\geqslant dp[i+1][j] \end{cases}$$

$$step[i][j] = \begin{cases} 1 & dp[i+1][j+1]<dp[i+1][j] \\ 0 & dp[i+1][j+1]\geqslant dp[i+1][j] \end{cases} \tag{7-8}$$

（2）确定边界条件：　$dp[n][j]=a[n][j]$　　$(1\leqslant j\leqslant n)$ $\tag{7-9}$

B　程序实现

```
1   #include <stdio. h>                              //c7_3_2
2   #define N 100
3   int n, i, j, a[N+1][N+1], dp[N+1][N+1], step[N][N];
4   void input( )                                    //输入数据并显示
5   {
6     FILE  * fp;
7     fp=fopen("DataTower4. txt", "r");              //打开文件
8     fscanf(fp, "%d", &n);                          //读入行数
9     for(i=1;i<=n;i++)                              //i 表示行
10      for(j=1;j<=i;j++)                            //j 表示列
11        fscanf(fp, "%d", &a[i][j]);               //读入数塔数据
12    fclose(fp);                                     //关闭文件
13    for(i=1;i<=n;i++)
14    {
15      for(j=1;j<n * 3-2 * i;j++)
16        printf(" ");                               //控制输出显示
17      for(j=1;j<=i;j++)
18        printf("%4d", a[i][j]);
19      printf("\n");
20    }
21  }
22  void printroute( )                               //打印结果
23  {
24    printf("最小路径和为:%d\n", dp[1][1]);        // 输出最小数字和
```

```
25    printf("最小路径为:");j=1;                        // 输出和最小的路径
26    for(i=1;i<n;i++)                                 //i 表示行,j 表示列
27    {
28      printf("%d",a[i][j]);
29      if(step[i][j]==1)                              //如果是向右斜走
30      {
31        printf("-R-");
32        j++;
33      }
34      else                                           //如果是向左斜走
35        printf("-L-");
36    }
37    printf("%d\n",a[i][j]);
38  }
39  int vis[N+1][N+1];                                 //用于记录数组 dp 相应元素是否访问过
40  int findroute(int i, int j)                        //构造 dp
41  {
42    vis[i][j]=1;                                     //表示 dp[i][j]计算过
43    if(i==n)                                         //边界条件
44      return a[n][j];
45    if(vis[i+1][j+1]==0)                             //没有计算过
46      dp[i+1][j+1]=findroute(i+1, j+1);             //递归计算
47    if(vis[i+1][j]==0)                               //没有计算过
48      dp[i+1][j]=findroute(i+1, j);                 //递归计算
49    if (dp[i+1][j+1]<dp[i+1][j])
50    {
51      step[i][j]=1;
52      return(a[i][j]+dp[i+1][j+1]);
53    }
54    else
55    {
56      step[i][j]=0;
57      return(a[i][j]+dp[i+1][j]);
58    }
59  }
60  void main()
61  {
62    input();                                         //输入数据并显示
63    dp[1][1]=findroute(1, 1);                        //递归求解
64    printroute();                                    //打印结果
65  }
```

程序第 1~38 行与解法 1 相同。

主函数第 63 行调用改为:

$$dp[1][1]=findroute(1, 1)$$

第 39 行增加一个数组 vis,用于记录 dp 是否计算过,仅当 dp 没计算过才进行运算,第 46 行和第 48 行是递归调用;程序中第 43 行为边界条件。

C   时间复杂度分析

虽然本解法与解法 1 都是构造 dp 和 step,复杂度为 $O(n^2)$,但由于本解法是递归调用,需要多次进栈/出栈,当层数较多时,需要耗费较多的内存和 CPU,效率低于解法 1。

D 空间复杂度分析

本程序设置4个二维数组，复杂度为 $O(N^2)$。

### 7.3.2.3 解法3（枚举法）

A 算法思想

设解向量 $X=(x_1, x_2, x_3, x_4, x_5, x_6)$（$x_i$ 为行走方向，$x_i=0$ 表示向左斜走，$x_i=1$ 表示向右斜走）。每一步有两种走法，将所有可能的情况进行枚举，共有 $2^6$ 种情况。

B 算法设计

（1）已知条件（输入）：数塔用一个二维数组 a 来存储，a[i][j] 表示第 i 层，第 j 列结点（$1 \leqslant i \leqslant 7$，$1 \leqslant j \leqslant i$）。

（2）输出：最优值和最优解。

（3）枚举框架：框架2（复杂区间枚举）。

（4）枚举区间：情况 i：$1 \sim 2^6$，步长：2，一次枚举计算两种情况。

（5）约束条件：无。

用一个维数组 s 来存放路径和。

C 程序实现

```
1   #include <stdio. h>                          //c7_3_3
2   #include <string. h>
3   #include <math. h>
4   #define N 100
5   #define N1 1000                              //2 和 N-1 次方
6   int n, i, j, a[N+1][N+1], s[N1];             //s 存放路径值
7   void input( )                                //输入数据并显示
8   {
9     FILE  * fp;
10    fp=fopen("DataTower4. txt", "r");          //打开文件
11    fscanf(fp, "%d", &n);                      //读入行数
12    for(i=1;i<=n;i++)                          //i 表示行
13      for(j=1;j<=i;j++)                        //j 表示列
14        fscanf(fp, "%d", &a[i][j]);            //读入数塔数据
15    fclose(fp);                                //关闭文件
16    for(i=1;i<=n;i++)
17    {
18      for(j=1;j<n*3-2*i;j++)
19        printf(" ");                           //控制输出显示
20      for(j=1;j<=i;j++)
21        printf("%4d", a[i][j]);
22      printf("\n");
23    }
24  }
25  int x[N];
26  void tento2(int u, int x[ ])
27  {                                            //将10进制数u转成N位二进制数，存在数组x中
28    int i=n-1;
29    while(u>0)
30    {
31      x[i--]=u%2;
```

```
32      u=u/2;
33    }
34    for( ;i>=1;i--)                               //前导0
35      x[i]=0;
36  }
37  void printroute( )                              //打印结果
38  {
39    int min_s=s[0], min_u=0;
40    for(i=1;i<pow(2, n-1);i++)                    //i 表示路径编号
41    {                                             //以下求最小路径和
42      if(s[i]<min_s)
43      {
44        min_s=s[i];                               //记录最小路径值
45        min_u=i;                                  //记录最小路径编号
46      }
47    }
48    tento2(min_u, x);
49    printf("最小路径和为%d:\n", min_s);             //输出最小数字和
50    printf("最小路径为:");
51    j=1;                                          // 输出和最小的路径
52    for(i=1;i<n;i++)
53    {
54      printf("%d", a[i][j]);
55      if(x[i]==1)                                 //右斜
56        printf("-R-"), j++;
57      else                                        //左斜
58        printf("-L-");
59    }
60    printf("%d\n", a[i][j]);
61  }
62  void findroute( )
63  {
64    for(int u=0;u<pow(2, n-1);u=u+2)
65    {
66      i=1;
67      j=1;
68      s[u]=a[i][j];                               //初始化路径和
69      tento2(u, x);                               //十进制转为二进制
70      for(i=2;i<=n;i++)
71      {
72        if(x[i-1]==1)                             //右斜
73          j++;
74        s[u]=s[u]+a[i][j];                        //计算路径和
75      }
76      s[u+1]=s[u]-a[i-1][j]+a[i-1][j+1];          //顺便计算旁边结点
77    }
78  }
79  void main( )
80  {
81    input( );                                     //输入数据并显示
82    findroute( );                                 //计算出所有路径 s
```

```
83    printroute( );                                    //求最小路径并打印输出结果
84  }
```

程序中第 7~24 行子函数 input 实现数据的输入，与前两个解法相同。

子函数 findroute 对所有解的情况进行枚举，共 $2^{n-1}$ 种情况，子函数 tento2 将十进制数 u 转为二进制 x，x 实际上就是从塔顶到塔底的走法。

子函数 printroute 中第 40~47 行寻找最小路径和，第 49~60 行打印输出结果，方法与前两种解法相似，本例中第 55 行由 x 判断行走方向。

D  时间复杂度分析

本程序时间复杂度数量级为 $O(2^n \log n)$，因为枚举法将所有可能的情况都列举出来，复杂度较高，仅用于 n 较小的情况。

E  空间复杂度分析

本程序设置 1 个二维数组，复杂度为 $O(N^2)$。

### 7.3.3 数塔问题小结

本节给出了数塔问题的几种解法，动态规划在构造最优值时既可以使用递推方法，也可以使用递归方法，但递推方法效率较高；当问题规模较小时，也可以使用枚举法实现。

问题规模较大时，递归和枚举法并不是理想的实现方法。

# 7.4  0-1背包问题

### 7.4.1 问题描述

以例 7-1 为例。

### 7.4.2 解法

物品重量和价值分别用数组 w 和 v 表示。

#### 7.4.2.1 解法 1（动态规划 1）

A  算法设计

a  划分阶段

将装每一件物品看作是一个阶段，共 n=5 个阶段。每一个阶段都要做出决策，装或者不装，形成一个决策序列。

考虑第 1 件物品的装入情况：

如果剩余容量 C 小于物品 1 的重量 $w_1$，则物品 1 肯定不能装入，最优值即为后面 4 件物品在容量是 C 时的最大值。

如果剩余容量 C 大于等于物品 1 的重量 $w_1$，则考虑两种情况，取这两种情况的大值。

情况 1：如果装入物品 1，后 4 件物品，在剩余容量 $C-w_1$ 下的最大值，加上 $v_1$，为情况 1 能取得的最大值；

情况 2：如果不装入物品 1，最大值即为后 4 件物品在容量 C 下的最大值。

分析发现，不管第 1 件物品是否装入，后面 4 件物品必须采用最优决策，才能保证 5

件物品的决策是最优的。

b　确定递推关系

设解向量 $X = (x_1, x_2, x_3, x_4, x_5)$（$x_i$ 表示物品 i 装入背包的情况，$x_i = 1$ 表示物品 i 被装入，$x_i = 0$ 表示物品 i 没被装入）。

此问题的约束条件是：
$$\sum_{i=1}^{5} x_i w_i \leqslant 10, \ x_i \in \{0, 1\} \ (1 \leqslant i \leqslant 5) \tag{7-10}$$

目标函数为：
$$\sum_{i=1}^{5} x_i v_i, \ x_i \in \{0, 1\} \ (1 \leqslant i \leqslant 5) \tag{7-11}$$

本问题是求使目标函数取最大值时的解向量。

设 dp[i][j] 为表示第 i 阶段剩余容量为 j 时的最大值。

考虑第 i 件物品的装入情况：

如果剩余容量 j 小于物品 i 的重量 $w_i$，则物品 i 肯定不能装入，dp[i][j] 即为后面 n−i 件物品在容量是 j 时的最大值。

如果剩余容量 j 大于等于物品 i 的重量 $w_i$，则考虑两种情况，取这两种情况的大值。

情况 1：如果装入物品 i，后 n−i 件物品在剩余容量 $j-w_i$ 下的最大值，加上 $v_i$，为情况 1 的 dp[i][j]；

情况 2：如果不装入物品 i，dp[i][j] 即为后 n−i 件物品在容量 j 下的最大值。

由前面分析，可以得到递推公式：
$$dp[i][j] = \begin{cases} dp[i+1][j] & j < w_i \\ \max(dp[i+1][j-w_i]+v_i, \ dp[i+1][j]) & j \geqslant w_i \end{cases} \tag{7-12}$$

式 (7-12) 也可以改为
$$dp[i][j] = \begin{cases} dp[i+1][j-w_i]+v_i & j \geqslant w_i \text{ 且 } dp[i+1][j] < dp[i+1][j-w_i]+v_i \\ dp[i+1][j] & \text{其他情况} \end{cases} \tag{7-13}$$

边界条件：对于最后 1 件物品：

(1) 如果剩余容量 j 小于物品 n 的重量 $w_n$，则物品 n 肯定不能装入，dp[n][j] = 0。

(2) 如果剩余容量 j 大于等于物品 n 的重量 $w_n$，dp[n][j] = $v_n$。
$$dp[n][j] = \begin{cases} 0 & j < w_n \\ v_n & j \geqslant w_n \end{cases} \tag{7-14}$$

c　递推求最优值

本问题所求的物品总价值最大即为 dp[1][C]。物品重量 {2, 4, 5, 9, 3}；价值 {3, 7, 9, 14, 5}；表 7-5 是 0-1 背包问题最优决策表 dp，行表示决策阶段，从 1~5，列表示剩余容量 j；由底向上填写表 7-5。

初始化：

第 5 行，当 $j < w_5$ 时，dp[5][j] = 0，当 $j \geqslant w_5$ 时，dp[5][j] = $v_5$ = 5。

第 4 行，当 $j < w_4$ = 9 时，dp[4][j] = dp[5][j]，当 j = 9 时，dp[4][9] = max(dp[5][9-9]+14, dp[5][9]) = max(0+14, 5) = 14；当 j = 10 时，dp[4][10] = max(dp[5][10-9]+14, dp[5][10]) = max(0+14, 5) = 14。

第 3 行，当 $j < w_3$ = 5 时，dp[3][j] = dp[4][j]，当 j = 5 时，dp[3][5] = max(dp[4][5-5]+9, dp[4][5]) = max(0+9, 5) = 9；当 j = 6 时，dp[3][6] =

max（dp[4][6-5]+9，dp[4][6]）= max（0+9，5）= 9；…；当 j = 8 时，dp[3][8] = max(dp[4][8-5]+9，dp[4][8])= max(5+9，5)= 14；…。

依此类推，得到本问题的最优值 dp[1][10]=17。

**表 7-5  0-1 背包问题最优决策表 dp**

|   | 0 | 1 | 2 | 3 | 4 | 5 | 6 | 7 | 8 | 9 | 10 |
|---|---|---|---|---|---|---|---|---|---|---|----|
| 1 | 0 | 0 | 3 | 5 | 7 | 9 | 10 | 12 | 14 | 16 | 17 |
| 2 | 0 | 0 | 0 | 5 | 7 | 9 | 9 | 12 | 14 | 16 | 16 |
| 3 | 0 | 0 | 0 | 5 | 5 | 9 | 9 | 9 | 14 | 14 | 14 |
| 4 | 0 | 0 | 0 | 5 | 5 | 5 | 5 | 5 | 5 | 14 | 14 |
| 5 | 0 | 0 | 0 | 5 | 5 | 5 | 5 | 5 | 5 | 5 | 5 |

d  构造最优解

由前面分析可知，开始时剩余容量 j = 10；如果 $x_i$ = 0，没有装入物品 i，则 dp[i][j] = dp[i+1][j]；否则 $x_i$ = 1 装入，剩余容量 j-$w_i$。

考虑物品 1，dp[1][10] ≠ dp[2][10]，$x_1$ = 1，装入，剩余容量 j-$w_1$ = 10-2 = 8，已装入价值 cv = 3。

考虑物品 2，dp[2][8] = dp[3][8]，$x_2$ = 0，没有装入，剩余容量 8，已装入价值 cv = 3。

考虑物品 3，dp[3][8] ≠ dp[4][8]，$x_3$ = 1，装入，剩余容量 j-$w_3$ = 8-5 = 3，已装入价值 cv = 3+9 = 12。

考虑物品 4，dp[4][3] = dp[5][3]，$x_4$ = 0，没有装入，剩余容量 3，已装入价值 cv = 12。

最优值-已装入价值>0，物品 5 装入，$x_5$ = 1。

测试用例见表 6-2。

B  程序实现

```
1   #include <stdio. h>                              //c7_4_1
2   #define N 50
3   int i, j, n, c, v[N], w[N], dp[N][10*N], x[N]={0};   //数组 x 默认不装
4   void input( )                                    //输入数据
5   {
6     scanf("%d", &n);                               //输入已知物品数
7     scanf("%d", &c);                               //背包容量
8     for(i=1;i<=n;i++)
9       scanf("%d", &w[i]);                          //物品重量
10    for(i=1;i<=n;i++)
11      scanf("%d", &v[i]);                          //物品价值
12  }
13  void printbag( )                                 //打印结果
14  {
15    int cv;                                        //价值和 sv
16    j=c;
17    for(cv=0, i=1;i<=n-1;i++)
18    {
19      if(dp[i][j]!=dp[i+1][j])                      //装入
20      {
```

```
21          x[i]=1;                                          //装入
22          j=j-w[i];                                        //剩余容量
23          cv=cv+v[i];                                       //已装入价值
24        }
25     }
26     if(dp[1][c]>=cv)                                       //还需装入物品
27     {
28       x[n]=1;
29       j=j-w[n];
30     }
31     printf("背包最大价值为:%d,装入最大容量为:%d\n装入情况为:",dp[1][c],c-j);
32     for(i=1;i<n;i++)
33       printf("%d ",x[i]);
34     printf("%d\n",x[i]);
35 }
36 void bag()                                                 //构造 dp
37 {
38   for(j=0;j<=c;j++)
39     if(j<w[n])
40       dp[n][j]=0;                                          //边界条件
41     else
42       dp[n][j]=v[n];
43   for(i=n-1;i>=1;i--)                                      //逆推计算 dp[i][j]
44     for(j=0;j<=c;j++)
45       if(j>=w[i] && dp[i+1][j]<dp[i+1][j-w[i]]+v[i])
46         dp[i][j]= dp[i+1][j-w[i]]+v[i];
47       else
48         dp[i][j]=dp[i+1][j];
49 }
50 void main()
51 {
52   input();                                                 //输入数据
53   bag();                                                   //构造 dp
54   printbag();                                              //打印输出结果
55 }
```

　　程序中的子函数 input 用于实现数据的输入，子函数 printbag 用于构造出最优解，打印输出结果，子函数 bag 构造最优决策表 dp，其中第 39~42 行进行初始化，第 43~48 行递推实现。

　　C　程序运行结果

　　背包最大价值为 17，装入最大容量为 10。

　　装入情况为 1 0 1 0 1。

　　此问题后面几种解法均通过了多个相同用例测试，见表 6-2。

　　D　时间复杂度分析

　　本程序时间复杂度数量级为 $O(cn)$。

　　E　空间复杂度分析

　　本程序设置了 1 个二维数组，复杂度为 $O(N^2)$。

### 7.4.2.2 解法 2（动态规划 2）

此解法与解法 1 思路大体相同，只是在构造最优决策表 dp 时用递归的方法实现。

**A 算法设计**

（1）描述递归关系：

$$dp[i][j] = \begin{cases} dp[i+1][j-w_i]+v_i & j \geqslant w_i \text{ 且 } dp[i+1][j] < dp[i+1][j-w_i]+v_i \\ dp[i+1][j] & \text{其他情况} \end{cases} \tag{7-15}$$

（2）确定边界条件：

$$dp[n][j] = \begin{cases} 0 & j < w_n \\ v_n & j \geqslant w_n \end{cases} \tag{7-16}$$

**B 程序实现**

```
1   #include <stdio. h>                                      //c7_4_2
2   #define N 50
3   int i, j, n, c, v[N], w[N], dp[N][10*N], x[N]={0};       //数组 x 默认不装
4   void input()                                             //输入数据
5   {
6     scanf("%d", &n);                                       //输入已知物品数
7     scanf("%d", &c);                                       //背包容量
8     for(i=1;i<=n;i++)
9       scanf("%d", &w[i]);                                  //物品重量
10    for(i=1;i<=n;i++)
11      scanf("%d", &v[i]);                                  //物品价值
12  }
13  void printbag()                                          //打印结果
14  {
15    int cv;                                                //价值和 cv
16    j=c;
17    for(cv=0, i=1;i<=n-1;i++)
18    {
19      if(dp[i][j]! =dp[i+1][j])                            //装入
20      {
21        x[i]=1;                                            //装入
22        j=j-w[i];                                          //剩余容量
23        cv=cv+v[i];                                        //已装入价值
24      }
25    }
26    if(dp[1][c]>cv)                                        //还需装入物品
27    {
28      x[n]=1;
29      j=j-w[n];
30    }
31    printf("背包最大价值为:%d, 装入最大容量为:%d\n装入情况为:", dp[1][c], c-j);
32    for(i=1;i<n;i++)
33      printf("%d ", x[i]);
34    printf("%d\n", x[i]);
35  }
36  int vis[N+1][N+1]={0};                                   //用于记录数组 dp 是否计算过
37  int bag(int i, int j)                                    //递归构造 dp
```

```
38  {
39      vis[i][j]=1;                                    //表示 dp[i][j]计算过
40      if(i==n)
41      {
42          if(j<w[n])
43              return 0;
44          else
45              return v[n];
46      }
47      if(vis[i+1][j]!=1)
48          dp[i+1][j]=bag(i+1, j);                     //递归
49      if(j-w[i]>=0&&vis[i+1][j-w[i]]!=1)
50          dp[i+1][j-w[i]]=bag(i+1, j-w[i]);           //递归
51      if(j>=w[i] && dp[i+1][j]<dp[i+1][j-w[i]]+v[i])
52          dp[i][j]=dp[i+1][j-w[i]]+v[i];
53      else
54          dp[i][j]=dp[i+1][j];
55      return dp[i][j];
56  }
57  void main()
58  {
59      input();                                        //输入数据
60      dp[1][c]=bag(1, c);                             //递归求解
61      printbag();                                     //打印输出结果
62  }
```

程序第 1~35 行与解法 1 相同。

主函数第 60 行调用改为：

$$dp[1][c] = bag(1, c)$$

第 36 行增加一个数组 vis，用于记录 dp 是否计算过，仅当 dp 没计算过才进行运算，第 48 行和第 50 行是递归调用；程序中第 40~46 行设置边界条件。

C   时间复杂度分析

虽然本解法与解法 1 都是构造 dp，复杂度为 O(cn)，但由于本解法是递归调用，需要多次进栈/出栈，当层数较多时，需要耗费较多的内存和 CPU，故效率低于解法 1。

D   空间复杂度分析

本程序设置 2 个二维数组，复杂度为 $O(N^2)$。

7.4.2.3   解法 3（枚举法）

A   算法思想

设解向量 X=($x_1$, $x_2$, $x_3$, $x_4$, $x_5$)（$x_i$ 为装载情况，$x_i$=0 表示不装，$x_i$=1 表示装）。每一步有两种结果，将所有可能的情况进行枚举，共有 $2^5$ 种情况。

B   算法设计

（1）已知条件（输入）：物品件数 n，物品重量 $w_i$(1≤i≤n)，物品价值 $v_i$(1≤i≤n)。

（2）输出：最优值和最优解。

（3）枚举框架：框架 2（复杂区间枚举）。

（4）枚举区间：情况 i：1~$2^5$，步长：1。

（5）约束条件：

1）sw>c：退出；

2）max_v<cv 时：记录当前最大值。

C 程序实现

```
1   #include <stdio. h>                          //c7_4_3
2   #include <math. h>
3   #define N 50
4   #define N1 1000
5   int i, j, n, c, v[N], w[N], x[N]={0};        //数组 x 默认不装
6   void input()                                 //输入数据
7   {
8       scanf("%d", &n);                         //输入已知物品数
9       scanf("%d", &c);                         //背包容量
10      for(i=1;i<=n;i++)
11          scanf("%d", &w[i]);                  //物品重量
12      for(i=1;i<=n;i++)
13          scanf("%d", &v[i]);                  //物品价值
14  }
15  void tento2(int u, int x[])
16  {                                            //将 10 进制转成 2 进制,存放在数组 x 中
17      int i=n;
18      while(u>0)
19      {
20          x[i--]=u%2;
21          u=u/2;
22      }
23      for(;i>=1;i--)
24          x[i]=0;
25  }
26  void bag()                                   //0-1 背包
27  {
28      int max_v=-1, max_vw, cv, sw, max_u;
29      for(int u=0;u<pow(2, n);u=u+1)
30      {
31          cv=0;sw=0;                           //总价值 cv, 总重量 sw
32          tento2(u, x);                        //十进制转成 2 进制
33          for(i=1;i<=n;i++)
34          {
35              if(x[i]==1)                      //装入
36              {
37                  sw=sw+w[i];
38                  if(sw>c)                     //超过容量
39                      break;                   //累计价值
40                  cv=cv+v[i];                  //累计价值
41              }
42          }
43          if(max_v<cv)                         //判断是否超过当前最大值
44          {
45              max_v=cv;                        //记下当前最大价值
46              max_vw=sw;
```

```
47        max_u=u;
48      }
49    }
50    printf("背包最大价值为:%d,装入最大容量为:%d\n 装入情况为:", max_v, max_vw);
51    tento2(max_u, x);
52    for(i=1;i<=n-1;i++)                      //打印结果
53      printf("%d ", x[i]);
54    printf("%d\n", x[i]);
55  }
56  void main()
57  {
58    input();                                 //输入数据
59    bag();                                   //0-1 背包问题
60  }
```

程序中第 6~14 行子函数 input 实现数据的输入,与前两个解法相同。

子函数 bag 对所有解的情况进行枚举,共 $2^n$ 种情况,子函数 tento2 将十进制数 u 转为二进制 x,x 实际上就是物品的装载情况,第 43~48 行记录当前最大装载情况,第 50~54 行打印输出结果。

D　时间复杂度分析

本程序时间复杂度数量级为 $O(2^n \log n)$,因为枚举法是将所有可能的情况都列举出来,复杂度较高,故仅用于 n 较小的情况。

E　空间复杂度分析

本程序设置 3 个一维数组,复杂度为 $O(N)$。

### 7.4.3　0-1 背包问题小结

本节给出了 0-1 背包问题的几种解法,动态规划在构造最优值时既可以使用递推方法,也可以使用递归方法,但递推方法效率较高;当问题规模较小时,也可以使用枚举法实现。

问题规模较大时,递归和枚举法并不是理想的实现方法。

本问题的回溯法请参看 6.4 节。

# 7.5　最长非降子序列

### 7.5.1　问题描述

由 12 个正整数 {48, 16, 45, 47, 52, 46, 36, 28, 46, 69, 14, 42} 组成的序列,从该序列中删除若干个整数,使剩下来的整数组成的序列非降(即后面的项不小于前面的项,可以等于),而且最长。若有多个,输出 1 个即可。

### 7.5.2　解法

7.5.2.1　解法 1(动态规划 1)

A　算法设计

用数组 a 存放正整数序列。

a  划分阶段

对每一个数的操作可以作为一个阶段，共有 $n=12$ 个阶段。

考虑第1个数48，后面有52、69两个数不小于它，因此包含第1个数48，到第 n 个数的最长非降子序列由以下步骤求出：

(1) 求出包括52到第 n 个数的最长非降子序列1 {52、69}，长度为 $l_1=2$；

(2) 求出包括69到第 n 个数的最长非降子序列2 {69}，长度为 $l_2=1$；

(3) 第1个数48加上 (1) 与 (2) 结果中长度大的子序列 {48, 52, 69} 即为包含第1个数48，到第 n 个数的最长非降子序列，长度有 $1+\max(l_1, l_2)=3$；

由分析可知，包含第1个数48到第 n 个数的最长非降子序列，包含了(1)与(2)结果的大值，具有最优子结构特性。

求出所有整数到第 n 个数的最长非降子序列的长度，最大者即为最优值。

b  确定递推关系

设解向量 $X=(x_1, x_2, \cdots, x_{12})$（$x_i$ 表示序列的删除情况：$x_i=1$ 表示第 i 个整数没有删除，$x_i=0$ 表示第 i 个整数被删除）。

此问题的约束条件是：$a[j] \geqslant a[i]$ （$1 \leqslant i<j \leqslant n$，$x_i=1$，$x_j=1$）    (7-17)

目标函数为：
$$\sum_{i=1}^{12} x_i \qquad (7-18)$$

本问题是求使目标函数取最大值时的解向量。

设 $dp[i]$ 为包括第 i 个数，到第 n 个数的最长非降子序列长度。

对于所有 $j>i$，比较当 $a[j] \geqslant a[i]$ 时的 $dp[j]$，取 $dp[j]$ 最大值+1 即为 $dp[i]$。

因此递推关系为：
$$dp[i]=\max(dp[j])+1 \quad (a[j] \geqslant a[i], 1 \leqslant i<j \leqslant n) \qquad (7-19)$$

边界条件：包含第 n 个数，到第 n 个数的最长非降子序列长度为1。
$$dp[n]=1 \qquad (7-20)$$

c  递推求最优值

本问题所求的最大值即为求 $\max(dp[i])$ （$1 \leqslant i \leqslant n$）    (7-21)

表7-6是最优决策表 dp，从下向上填写。

初始化：

第12行，考虑第12个数42，$dp[12]=1$，包含42，到42的最长非降子序列为 {42}，长度为1。

第11行，考虑第11个数14，后面有1个数42不小于它，$dp[11]=dp[12]+1=2$，包含14，到第 n 个数的最长非降子序列为 {14, 42}，长度为2。

第10行，考虑第10个数69，后面没有数不小于它，$dp[10]=1$，包含69，到第 n 个数的最长非降子序列为 {69}，长度为1。

第9行，考虑第9个数46，后面有1个数69不小于它，$dp[9]=dp[10]+1=2$，包含46，到第 n 个数的最长非降子序列为 {46, 69}，长度为2。

第8行，考虑第8个数28，后面有3个数46、69、42不小于它，$dp[8]=\max(dp[9], dp[10], dp[12])+1=3$，包含28，到第 n 个数的最长非降子序列为 {28, 46, 69}，长度为3。

⋮

第3行，考虑第3个数45，后面有47、52、46、46、69不小于它，dp[3]＝max(dp[4]，dp[5]，dp[6]，dp[9]，dp[10])＋1＝4，包含45，到第 n 个数的最长非降子序列为 {45，47，52，69} 或 {45，46，46，69}，长度为4。

⋮

依此类推，填写表7-6。

**表 7-6　最长非降子序列最优决策表 dp**

| i | a | dp | 最长非降子序列 |
|---|---|---|---|
| 1 | 48 | 3 | {48，52，69} |
| 2 | 16 | 5 | {16，45，47，52，69}<br>{16，45，46，46，69} |
| 3 | 45 | 4 | {45，47，52，69}<br>{45，46，46，69} |
| 4 | 47 | 3 | {47，52，69} |
| 5 | 52 | 2 | {52，69} |
| 6 | 46 | 3 | {46，46，69} |
| 7 | 36 | 3 | {36，46，69} |
| 8 | 28 | 3 | {28，46，69} |
| 9 | 46 | 2 | {46，69} |
| 10 | 69 | 1 | {69} |
| 11 | 14 | 2 | {14，42} |
| 12 | 42 | 1 | {42} |

求最优值 max_l＝max(dp[i])＝dp[2]＝5。

d　构造最优解

当 i＝2 时，取得最优值 max_l＝5，输出 a[2]＝16，max_l＝max_l－1＝4；

当 i＝3 时，max_l＝4，输出 a[3]＝45，max_l＝max_l－1＝3；

当 i＝4 时，max_l＝3 且 a[i]＞＝45，输出 a[4]＝47，max_l＝max_l－1＝2；

当 i＝5 时，max_l＝2 且 a[i]＞＝47，输出 a[5]＝52，max_l＝max_l－1＝1；

当 i＝10 时，max_l＝1 且 a[i]＞＝52，输出 a[10]＝69，max_l＝max_l－1＝0。

测试用例见表7-7。

表 7-7 最长非降子序列测试用例

| 输 入 | 输 出 |
|---|---|
| 8<br><br>5 2 8 6 3 6 9 7 | 最长非降子序列长度为 4<br>5 6 6 9<br>1 0 0 1 0 1 1 0 |
| 12<br><br>48 16 45 47 52 46 36<br><br>28 46 69 14 42 | 最长非降子序列长度为 5<br>16 45 47 52 69<br>0 1 1 1 1 0 0 0 0 1 0 0 |
| 12<br><br>45 39 10 27 34 63 62 35 47 16<br><br>52 13 | 最长非降子序列长度为 6<br>10 27 34 35 47 52<br>0 0 1 1 1 0 0 1 1 0 1 0 |

### B 程序实现

```
1  #include <stdio. h>                                    //c7_5_1
2  #define N 1000
3  int i, j, n, a[N], dp[N], x[N] = {0};
4  void input( )                                          //输入数据
5  {
6    scanf("%d", &n);                                     //输入正整数个数 n
7    for(i=1;i<=n;i++)
8      scanf("%d", &a[i]);                                //输入 n 个数组成的序列
9  }
10 void printorder( )                                     //求最优值, 打印最大非降子序列
11 {
12   int max_l=0, digit=-1;                               //max_l 最优值, digit 记下刚打印的数
13   for(i=1;i<=n;i++)
14     if(max_l<dp[i])
15       max_l=dp[i];
16   printf("最长非降子序列长度为%d\n", max_l);             //输出最大非降序列长
17   for(i=1;i<=n;i++)                                     //输出一个最大非降序列
18     if(dp[i]==max_l&&a[i]>=digit)
19     {
20       printf("%d", a[i]);
21       max_l--;
22       x[i]=1;                                           //取第 i 个正整数
23       digit=a[i];                                       //记下刚打印的数
24     }
25   printf("\n");
26   for(i=1;i<n;i++)                                      //打印结果
27     printf("%d ", x[i]);
28   printf("%d\n", x[i]);
29 }
30 void order( )                                          //生成 dp
```

```
31 {
32   int max;
33   dp[n]=1;                                    //边界条件
34   for(i=n-1;i>=1;i--)                          //逆推求 dp
35   {
36     max=0;
37     for(j=i+1;j<=n;j++)
38       if(a[j]>=a[i] && dp[j]>max)
39         max=dp[j];
40     dp[i]=max+1;
41   }
42 }
43 void main( )
44 {
45   input( );                                   //输入数据
46   order( );                                   //递推求 dp
47   printorder( );                              //求最优值, 打印最大非降子序列
48 }
```

程序中的子函数 input 用于实现数据的输入; 子函数 printorder 用于求最优值, 构造出最优解, 打印最长非降子序列, 其中第 13～15 行求出最优值, 第 17～24 行构造输出最优解; 子函数 order 构造最优决策表 dp, 其中第 33 行进行初始化, 第 34～41 进行递推实现。

C    程序运行结果

12

48   16   45   47   52   46   36   28   46   69   14   42

最长非降子序列长度为 5

16   45   47   52   69

0   1   1   1   1   0   0   0   0   1   0   0

此问题后面几种解法均通过了多个相同用例测试。

D    时间复杂度分析

本程序的时间复杂度数量级为 $O(n^2)$。

E    空间复杂度分析

本程序设置 3 个一维数组, 复杂度为 $O(N)$。

### 7.5.2.2  解法 2 (动态规划 2)

此解法与解法 1 思路大体相同, 只是在构造最优决策表 dp 时用递归的方法实现。

A    算法设计

(1) 描述递归关系:

$$dp[i]=\max(dp[j])+1   (a[j] \geqslant a[i],  1 \leqslant i < j \leqslant n) \tag{7-22}$$

(2) 确定边界条件:

$$dp[n]=1 \tag{7-23}$$

B    程序实现

```
1 #include <stdio. h>                            //c7_5_2
2 #define N 1000
3 int i, n, a[N], dp[N]={0}, x[N]={0};
```

```
4    void input( )
5    {
6      scanf("%d", &n);                              //输入正整数个数 n
7      for(i=1;i<=n;i++)
8        scanf("%d", &a[i]);                         //输入 n 个数组成的序列
9    }
10   void printorder( )                              //求最优值, 打印最大非降子序列
11   {
12     int max_l=0, digit=-1;                        //lmax 最优值, digit 记下刚打印的数
13     for(i=1;i<=n;i++)
14       if(max_l<dp[i])
15         max_l=dp[i];
16     printf("最长非降子序列长度为%d\n", max_l);      //输出最大非降序列长
17     for(i=1;i<=n;i++)                             //输出一个最大非降序列
18       if(dp[i]==max_l&&a[i]>=digit)
19       {
20         printf("%d", a[i]);
21         max_l--;
22         x[i]=1;                                    //取第 i 个正整数
23         digit=a[i];                                //记下刚打印的数
24       }
25     printf("\n");
26     for(i=1;i<n;i++)                              //打印结果
27       printf("%d ", x[i]);
28     printf("%d\n", x[i]);
29   }
30   int order(int i)                                //生成 dp
31   {
32     int j;
33     if(i==n)                                       //边界条件
34       return 1;
35     int max=0;
36     for(j=i+1;j<=n;j++)                           //递归求 dp
37     {
38       if(dp[j]==0)                                 //没有计算过
39         dp[j]=order(j);                            //递归
40       if(dp[j]>max&&a[j]>=a[i])
41         max=dp[j];
42     }
43     return max+1;
44   }
45   void main( )
46   {
47     input( );                                      //输入数据
48     dp[1]=order(1);                                //递归求 dp
49     printorder( );                                 //求最优值,打印最大非降子序列
50   }
```

程序第 1~29 行与解法 1 相同。

主函数第 48 行调用改为:

$$dp[1]=order(1)$$

第 38 行仅当 dp 没计算过才进行递归运算；程序中第 33、34 行为边界条件。

C　时间复杂度分析

虽然本解法与解法 1 都是构造 dp，复杂度为 $O(n^2)$，但由于本解法是递归调用，需要多次进栈/出栈，当层数较多时，需要耗费较多的内存和 CPU，故效率低于解法 1。

D　空间复杂度分析

本程序设置 3 个一维数组，复杂度为 $O(N)$。

### 7.5.2.3　解法 3（枚举法）

A　算法思想

设解向量 $X = (x_1, x_2, \cdots, x_{12})$（$x_i$ 表示序列的删除情况：$x_i = 1$ 表示第 $i$ 个整数没有删除，$x_i = 0$ 表示第 $i$ 个整数被删除）。将所有可能的情况进行枚举，共有 $2^{12}$ 种情况。

B　算法设计

(1) 已知条件（输入）：用一个一维数组 a 来存储整数序列（$1 \leqslant i \leqslant 12$）。

(2) 输出：最优值和最优解。

(3) 枚举框架：框架 2（复杂区间枚举）。

(4) 枚举区间：情况 i：$1 \sim 2^{12}$，步长：1。

(5) 约束条件：$a[j] \geqslant a[i]$（$1 \leqslant i < j \leqslant n$，$x_i = 1$，$x_j = 1$）。

C　程序实现

```
1  #include <stdio. h>                              //c7_5_3
2  #include <math. h>
3  #define N 1000
4  int i, n, a[N], x[N]={0};
5  void input( )
6  {
7    scanf("%d", &n);                              //输入正整数个数 n
8    for(i=1;i<=n;i++)
9      scanf("%d", &a[i]);                         //输入 n 个数组成的序列
10 }
11 void tento2(int u, int x[])
12 {                                                //将 10 进制转成 2 进制，存放在数组 x 中
13   int i=n;
14   while(u>0)
15   {
16     x[i--]=u%2;
17     u=u/2;
18   }
19   for( ;i>=1;i--)
20     x[i]=0;
21 }
22 int judge(int temp[], int j)                     //判断是否非降子序列
23 {
24   for(i=1;i<j;i++)
25     if(temp[i]>temp[i+1])
26       return 0;                                  //不是非降
27   return 1;
28 }
```

```
29  void order( )                                    //求最长非降子序列
30  {
31    int max_l=1, max_u=1;
32    for( int u=pow(2, n)-1;u>=0;u--)
33    {
34      int temp[N], j=1;
35      tento2(u, x);                                //10 进制转 2 进制
36      for( i=1;i<=n;i++)
37      {
38        if( x[i]==1)                               //没删除
39        {
40          temp[j++]=a[i];
41        }
42      }
43      j--;
44      if( j>max_l&&judge( temp, j) )               //非降
45      {
46        max_u=u;
47        max_l=j;
48      }
49    }
50    printf( "最长非降子序列长度为%d\n", max_l);     //输出最大非降序列长
51    tento2( max_u, x);
52    for( i=1;i<=n;i++)
53    {
54      if( x[i]==1)                                 //第 i 个正整数没有删除
55        printf( "%d ", a[i]);
56    }
57    printf( "\n");
58    for( i=1;i<n;i++)                              //打印结果
59      printf( "%d ", x[i]);
60    printf( "%d\n", x[i]);
61  }
62  void main( )
63  {
64    input( );                                      //输入数据
65    order( );                                      //求最长非降子序列
66  }
```

程序中第 5~10 行子函数 input 实现数据的输入，与前两个解法相同。

子函数 tento2 将十进制数 u 转为二进制 x，x 实际上就是序列的删除情况；子函数 order 对所有解的情况进行枚举，共 $2^n$ 种情况，第 44~48 行寻找最长非降序列，第 52~57 行打印输出结果，方法与前两种解法相似，本例中第 54 行由 x 判断是否删除。

D  时间复杂度分析

本程序时间复杂度数量级为 $O(2^n \log n)$，因为枚举法将所有可能的情况都列举出来，复杂度较高，仅用于 n 较小的情况。

E  空间复杂度分析

本程序设置 2 个一维数组，复杂度为 $O(N)$。

### 7.5.3 最长非降子序列问题小结

本节给出了最长非降子序列问题的几种解法，动态规划求解问题的关键是寻找最优解的特征，并递推或递归构造最优解。

问题规模较大时，递归和枚举法并不是理想的实现方法。

# 7.6   动态规划小结

### 7.6.1 动态规划与递推

动态规划常常使用递推求解最优值，动态规划与递推有以下联系与区别：

（1）使用场合。动态规划用于求解多阶段决策最优化问题，即只有满足最优子结构特性的多阶段决策问题才能应用动态规划设计求解。递推一般用于解决判定性问题、构造性问题或计数问题。

（2）递推是动态规划的一种实现方法。动态规划常用递推求解最优值，递推只是求解最优值的一种方法，还可以用递归求解最优值，只不过递推求解最优值效率高于递归求解。

（3）构造最优解。动态规划通常需要构造最优解（最优策略），而递推不需要构造最优解。

（4）复杂度。如果动态规划使用递推求解最优值，其时间复杂度取决于求最优值的递推结构。

### 7.6.2 动态规划与贪心法

动态规划与贪心法都是把问题分解为多个子问题或者多个阶段，是多阶段决策最优化问题，但有以下不同：

（1）结果。动态规划得到的最优解肯定是最优的，而贪心法不能保证得到的结果是最优的。

以例 7-1 为例，应用贪心法处理 0-1 背包问题：

1）按物品价值从高到低选择。选择物品 4，背包总价值为 14。

2）按物品重量从低到高选择。选择物品 1、5、2，总价值为 15。

3）按物品单位重量价值从高到低选择。选择物品 3、2，背包总价值为 16。

应用动态规划求解，得到的结果是选择 1、3、5，背包总价值为 17，所用的 3 种贪心选择都没有得到最优解。

（2）决策方法。动态规划每个状态以后的决策都构成最优策略，即动态规划是基于问题全局的；贪心法只是保证当前的决策是最优的，是局部的；动态规划产生多个决策序列，把不可能的序列排除在外，求解过程是自底向上的，贪心法每一次的贪心选择做出了唯一不可撤回的决策，求解过程是自顶向下的。

（3）求解效率。如果一个问题可以用贪心法和动态规划求解，那么贪心法更简单、更直接，且解题效率更高，不存在空间限制的影响。

# 7.7　习题7

（1）填空题：

质监局规定，手机必须经过耐摔测试，并且评定出一个耐摔指数，之后才允许上市流通。有一座 100 层的高塔，用来做耐摔测试。塔的每一层高度都是一样的，第一层不是地面，而是相当于普通楼房的 2 楼。

如果手机从第 7 层扔下去没摔坏，但第 8 层摔坏了，则手机耐摔指数=7。

如果手机从第 1 层扔下去就坏了，则耐摔指数=0。

如果到了塔的最高层第 n 层仍没摔坏，则耐摔指数=n。

为了减少测试次数，从每个厂家抽样 3 部手机参加测试。

如果我们总是采用最佳策略，那么在最坏的运气下最多需要测试_____次才能确定手机的耐摔指数？

（2）问答题：

1）动态规划适用于求解哪些问题？

2）动态规划如何实施？

（3）算法设计题：

求序列 badfafcasdfabdsdf 与序列 dfasddfsdfsdfgrb 的最长公共子序列。

 **8** 模 拟

## 8.1 模拟概述

模拟是对真实事物或过程的虚拟。模拟的关键是获取有效信息、关键特性，找出解与已知条件的关系。日常生活中，有些问题很难建立确切的数学模型，这时可以试用模拟来求解。

模拟可分为决定性模拟与随机模拟。

（1）决定性模拟是对决定性过程进行模拟，按其固有规律发展，最终得出一个明确的结果。

（2）随机模拟的对象是随机事件，用计算机语言提供的随机函数模拟随机发生的事件。

在 C 语言中，调用 srand 函数对随机数发生器初始化，使随机函数产生一个 0～32767 间的随机整数，可直接使用当前时间（时间戳）作为随机数。

srand 函数定义：void srand(unsigned int seed)，其中 seed 为无符号整数，一般用时间戳作为其参数，取得时间戳，需要包含<time. h>头文件。

rand 函数以种子为基准，产生一系列随机数，这些数符合正态分布。

如果要产生一个 [a，b] 间的随机数，可用运算 rand( )%(b-a+1)+a 实现。

使用这两个函数需要包含<stdlib. h>头文件。

## 8.2 模拟的实施步骤

使用模拟求解，通常按以下几个步骤实施：

（1）根据问题描述，明确已知条件和输出要求；

（2）观察问题特性，找出解与已知条件的关系；

（3）设计测试数据，模拟过程；

（4）编写程序并运行、调试，对运行结果进行分析。

## 8.3 赌 局

### 8.3.1 问题描述

有一种赌局是这样的：桌子上放 6 个匣子，编号是 1~6。多位参与者（以下称玩家）可以把任意数量的钱押在某个编号的匣子上。所有玩家都下注后，庄家同时掷出 3 个骰子

（骰子上的数字都是 1~6）。输赢规则如下：

（1）若某 1 个骰子上的数字与玩家所押注的匣子号相同，则玩家拿回自己的押注，庄家按他押注的数目赔付（即 1 比 1 的赔率）。

（2）若有 2 个骰子上的数字与玩家所押注的匣子号相同，则玩家拿回自己的押注，庄家按他押注的数目的 2 倍赔付（即 1 比 2 的赔率）。

（3）若 3 个骰子上的数字都与玩家所押注的匣子号相同，则玩家拿回自己的押注，庄家按他押注的数目的 6 倍赔付（即 1 比 6 的赔率）。

（4）若玩家所押注匣子号与某个骰子示数乘积等于另外两个骰子示数的乘积，则玩家拿回自己的押注，庄家也不赔付（流局）。

（5）若以上规则有同时满足者，玩家可以选择对自己最有利的规则。规则执行后，庄家收获所有匣子上剩余的押注。

编程模拟该过程。模拟 50 万次，假定只有 1 个玩家，他每次的押注都是 1 元钱，其押注的匣子号是随机的；再假定庄家有足够的资金用于赔付，最后计算出庄家的盈率（庄家盈利金额/押注总金额，四舍五入保留到小数后 3 位）。

## 8.3.2 解法

### 8.3.2.1 算法设计

（1）术语：盈率=庄家盈利金额/押注总金额。

（2）输入：无。

（3）输出：盈率（四舍五入保留到小数后 3 位）。

（4）思路：模拟 50 万次，每次做以下实验：

1）随机产生押注号，3 个骰子号，范围为 [1~6]；

2）按 5 个规则实验，根据规则（5），对玩家最有利的规则顺序依次是规则（3）、（2）、（1）、（4）；

3）累计庄家盈利；

4）最后输出盈率。

（5）数据组织形式：变量 sum：庄家盈利，初值设为 0；
　　　　　　　　　　　变量 bet：押注号；
　　　　　　　　　　　变量 a、b、c：骰子号。

### 8.3.2.2 程序实现

```
1   #include <stdlib. h>                              //c8_3_1
2   #include <stdio. h>
3   #include <time. h>
4   #define N 500000
5   void main( void)
6   {
7       int i;                                        //次数
8       int m = 1;                                    //每次钱数
9       int sum = 0;                                  //庄家钱数
10      int bet, a, b, c;                             //bet 押注号,三个骰子 a,b,c
11      srand( ( unsigned) time( NULL));
12      for( i = 0;i < N;i++) {
```

```
13      bet=rand()%6+1;                           //产生 1~6 的随机数
14      a=rand()%6+1;
15      b=rand()%6+1;
16      c=rand()%6+1;
17      if(bet==a&&bet==b&&bet==c)
18        //规则(3):与庄家 3 个数相等,因为找最有利的,所以规则 3 写在最前面
19        sum-=6*m;
20      else if(bet==a&&bet==b||bet==a&&bet==c||bet==b&&bet==c)
21                                                  //规则(2):与庄家 2 个数相等
22        sum-=2*m;
23      else if(bet==a||bet==b||bet==c)             //规则(1):玩家与庄家 1 个数相等
24        sum-=m;
25      else if(bet*a==b*c||bet*b==a*c||bet*c==a*b) //规则(4)
26        ;
27      else
28        sum+=m;                                   //庄家收获
29      //printf("%d, %d, %d, %d, %d\n", bet, a, b, c, sum);   //输出实验过程
30    }
31    printf("%.3f\n", sum*1.0/N/m);
32 }
```

程序第 13~16 行用 rand()%6+1 产生随机数,第 19、22、24、26、28 行分别是按规则实现操作,程序第 29 行可模拟实验过程,最后输出实验结果。本程序数据是随机产生的,结果约为 0.020~0.026。

# 8.4  付账问题

## 8.4.1  问题描述

n 个人聚餐,共消费 s 元。这 n 个人各带了 $a_i$ 元,所有人带的钱之和足够付账,为公平起见,在总付款为 s 元的前提下,使最后每个人付的钱的标准差最小,要求输出这个标准差(四舍五入保留 4 位小数)。

## 8.4.2  解法

### 8.4.2.1  算法设计

(1)术语:标准差是多个数与它们平均数差值平方的平均数,用于描述这些数之间的"偏差有多大",设每人付钱 $b_i$ 元,那么标准差为:

$$std = \sqrt{\frac{1}{n}\sum_{i=1}^{n}\left(b_i - \frac{1}{n}\sum_{i=1}^{n}b_i\right)^2}$$

(2)输入:人数 n,消费 s,每个人带的钱 $a_i$。

(3)隐含信息:所有人带的钱之和足够付账 $\sum_{i=1}^{n}a_i \geq s$;

总付款为 s 元 $\sum_{i=1}^{n}b_i = s$。

(4)输出:最小的标准差(四舍五入保留 4 位小数)。

（5）需要的中间结果：每个人付的钱 $b_i$。

（6）测试用例：

用例 1：人数 5，消费 2000，每个人带的钱分别为 666、666、666、666、666，输出 0.0000。

用例 2：人数 10，消费 30，每个人带的钱分别为 2、1、4、7、4、8、3、6、4、7，输出 0.7928。

用例 3：人数 10，消费 37，每个人带的钱分别为 2、1、4、7、4、8、3、6、4、7，输出 1.2390。

（7）思路：标准差 $std = \sqrt{\dfrac{1}{n}\sum\limits_{i=1}^{n}\left(b_i - \dfrac{1}{n}\sum\limits_{i=1}^{n}b_i\right)^2}$，式中 $n$ 和 $\sum\limits_{i=1}^{n}b_i$ 不变，要使标准差最小，即每个人付的钱相差最小。

若每个人带的钱都大于平均值，则标准差为 0，如用例 1。

若某人带的钱少于等于平均值，则其付他带的所有的钱，剩下的钱由剩下的人均摊；如用例 2，平均消费为 3，小于等于 3 的 3 人付全部钱，剩下 7 人平摊 24，平均每人 3.4285。

若剩下的人带的钱超过平均值，不够均摊的钱，那他要付他所有的钱。如用例 3，消费了 37，平均消费为 3.7，小于等于 3 的 3 人付全部钱，剩下 7 人平摊 31，带 4 元的也不够平摊，也要付全部钱，剩下的再平摊。

因此，在设计时需先对每人带的钱先排序。

（8）数据组织形式：变量 n：人数；

变量 s：消费总额；

数组 a：每个人带的钱；

变量 avg：平均数 = s/n；

数组 b：每个人付的钱；

变量 r：累计付款与它们平均数差值平方和 $\sum\limits_{i=1}^{n}(b_i - avg)^2$；

变量 ls：剩余应付款；

变量 lavg：剩余平均值。

（9）盒图如图 8-1 所示。

### 8.4.2.2 程序实现

```
1   #include<stdio.h>                          //c8_4_1
2   #include<algorithm>
3   #include<math.h>
4   using namespace std;
5   void main()
6   {
7       int n, i;
8       double s, r =0;
9       scanf( "%d%lf", &n, &s);              //输入人数 n 及消费 s
10      double avg =s/n;
11      double a[100];                         //每人带的钱
```

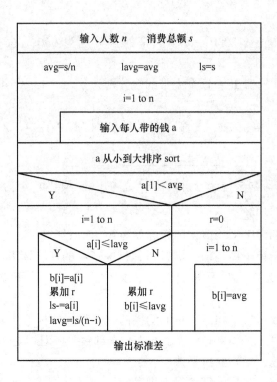

图 8-1　付款问题盒图

```
12    double b[100];                                      //每人付的钱
13    double lavg = avg, ls = s;                          //剩余部分平均值 & 应付款
14    for(i=1; i<=n; i++)
15      scanf("%lf", &a[i]);                              //输入每人带的钱
16    sort(a+1, a+n+1);                                   //所带的钱排序
17    if(a[1]<avg)                                        //有人带的钱少于平均值 avg
18    {
19      for(i=1; i<=n; i++)
20        if(a[i]<=lavg)                                  //带的钱小于等于当前需平摊的钱
21        {
22          b[i]=a[i];                                    //付所有的钱
23          r+=(avg-a[i])*(avg-a[i]);
24          ls-=a[i];                                     //剩余要付的钱
25          lavg=ls/(n-i);                                //剩余人均摊
26        } else                                          //带的钱大于等于当前要平摊的钱
27        {
28          r+=(avg-lavg)*(avg-lavg);
29          b[i]=lavg;                                    //付当前要平摊的钱
30        }
31    } else                                              //所有人带的钱都大于等于平均值
32    {
33      r=0;
34      for(i=1; i<=n; i++)
35        b[i]=avg;                                       //每个人都付平摊的钱
```

```
36    }
37    / * for( i = 1; i<=n; i++) {
38       printf( "%.4lf ", b[i]);                          //输出每人要付的钱
39    } */
40    printf( "\n%.4lf\n", sqrt( r/n));                     //输出标准差
41 }
```

程序第 16 行先进行排序，调用了算法函数 sort，第 22~25 行为带的钱小于等于平摊的情况，第 28、29 行是超过平摊的情况，第 37~39 行是输出每人付的钱，可省略。

### 8.4.2.3　时间复杂度分析

本算法时间复杂度数量级为 O( nlogn)，因为调用了算法函数 sort。

### 8.4.2.4　空间复杂度分析

本算法定义了 2 个一维数组，复杂度数量级为 O( N)，N 为数组元素个数。

# 8.5　扑 克 牌

## 8.5.1　问题描述

扑克牌游戏规则简述如下：

假设参加游戏的两人是 A 和 B，游戏开始的时候，得到的随机的纸牌序列如下：

A 方：[ K, 8, X, K, A, 2, A, 9, 5, A];

B 方：[ 2, 7, K, 5, J, 5, Q, 6, K, 4]，其中的 X 表示 "10"，忽略了纸牌的花色。

从 A 方开始，A、B 双方轮流出牌。

当轮到某一方出牌时，他从自己的纸牌队列的头部拿走一张，放到桌上，并且压在最上面一张纸牌上（如果有的话）。

此例中，游戏过程：

A 出 K，B 出 2，A 出 8，B 出 7，A 出 X，此时桌上的序列为：

K, 2, 8, 7, X

当轮到 B 出牌时，他的牌 K 与桌上的纸牌序列中的 K 相同，则把包括 K 在内的以及两个 K 之间的纸牌都赢回来，放入自己牌的队尾。注意：为了操作方便，放入牌的顺序是与桌上的顺序相反的。

此时，A、B 双方的手里牌为：

A 方：[ K, A, 2, A, 9, 5, A]

B 方：[ 5, J, 5, Q, 6, K, 4, K, X, 7, 8, 2, K]

赢牌的一方继续出牌。也就是 B 接着出 5，A 出 K，B 出 J，A 出 A，B 出 5，又赢牌了。

5, K, J, A, 5

此时双方手里牌：

A 方：[ 2, A, 9, 5, A]

B 方：[ Q, 6, K, 4, K, X, 7, 8, 2, K, 5, A, J, K, 5]

注意：更多的时候赢牌的一方并不能把桌上的牌都赢走，而是拿走相同牌点及其中间的部分。但无论如何，都是赢牌的一方继续出牌，有的时候刚一出牌又赢了，也是允许的。

当某一方出掉手里最后一张牌，但无法从桌面上赢取牌时，游戏立即结束。

对于本例的初始手里牌情况下，最后 A 会输掉，而 B 最后的手里牌为：

9K2A62KAX58K57KJ5

当有 n 个人游戏，当某一方出掉手里最后一张牌，但无法从桌面上赢取牌时，游戏立即结束。

模拟游戏过程，输入 n 个串，分别表示 n 个人初始手里的牌序列，依次出牌，当某人出掉手里最后一张牌，但无法从桌面上赢取牌时，游戏立即结束。输出其余 n-1 人手上的牌序列。

### 8.5.2　解法

#### 8.5.2.1　算法设计

（1）输入：游戏人数 n，n 个串，分别表示 n 个人初始手里的牌序列。

（2）输出：有人手上无牌时，其余 n-1 人手上的牌序列。

（3）数据组织形式：字符串数组 card[i]，分别表示第 i 个人初始手里的牌序列；

　　　　　　　　　card[0]，表示桌子上的牌序列；

　　　　　　　　　数组 begin 表示各队列头位置，begin[1] 表示串 1 队首位置；

　　　　　　　　　数组 end 表示各队列尾位置，end[1] 表示串 1 队尾位置；

　　　　　　　　　如问题描述中，开始时是 begin[1]=0，end[1]=10；

　　　　　　　　　放牌次数 num。

（4）思路：游戏者有两个操作：放牌 put 和取牌 get。

（5）放牌操作 put 分两种情况考虑。

1）k 队头牌在桌上没有：

①k 队头牌放桌上队尾；

②桌上队尾位置更新；

③k 队头位置更新；

④检查 k 手上还有牌没有，如果没有，则打印其他人手上的牌；如果有，下一个人放牌。

2）k 队头牌在桌上有：

①调用取牌操作 get，k 从桌上队尾开始取到相同牌；

②k 调用放牌操作 put，继续放牌。

k 放牌操作 put(k) 的盒图如图 8-2 所示。

（6）取牌操作 get：

1）取 k 队尾位置；

2）k 队队头的牌放到桌上的队尾；

3）k 队头位置更新；

4）从桌上队尾开始取牌，取到相同牌，k 队和桌上队尾位置变化。

k 从桌上队尾开始取到第 locate 张牌操作 get(k, locate) 的盒图如图 8-3 所示。

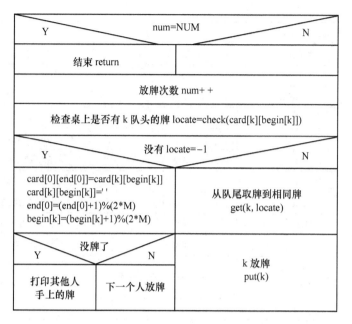

图 8-2　放牌

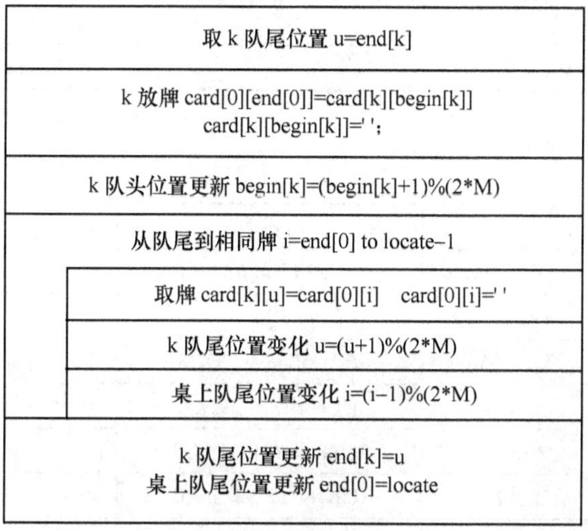

图 8-3　取牌

（7）模拟过程：表 8-1 为模拟 2 人游戏时的情况，3 人游戏见表 8-2，表中带 * 号一方下一步将取牌。

表 8-1　2 人游戏

| num | card[0] | card[1] | card[2] |
|-----|---------|---------|---------|
| 0 | | K8XKA2A95A | 27K5J5Q6K4 |
| 5 | K287X | KA2A95A | K5J5Q6K4* |
| 6 | | KA2A95A | 5J5Q6K4KX782K |

续表 8-1

| num | card[0] | card[1] | card[2] |
|---|---|---|---|
| 10 | 5KJA | 2A95A | 5Q6K4 KX782K* |
| 11 | | 2A95A | Q6K4 KX782K5AJK5 |
| 19 | Q26AK945 | A | KX782K5AJK5* |
| 20 | Q26 A | A | X782K5AJK5K549K |
| 21 | Q26 AX | A* | 782K5AJK5K549K |
| 22 | Q26 | A X A | 782K5AJK5K549K |
| 26 | Q26 A7 X8 | A* | 2K5AJK5K549K |
| 27 | Q26 | A8X7A | 2K5AJK5K549K |
| 28 | Q26 A | 8X7A | 2K5AJK5K549K* |
| 29 | Q | 8X7A | K5AJK5K549K2 A62 |
| 36 | Q K85 XA7J | A* | K5K549K2 A62 |
| 37 | Q K85 X | A J7A | K5K549K2 A62 |
| 38 | Q K85 XA | J7A | K5K549K2 A62* |
| 39 | Q | J7A | 5K549K2 A62 K A X58 K |
| 43 | Q5 J K7 | A | 549K2 A62 K A X58 K* |
| 44 | Q | A | 49K2 A62 K A X58 K57KJ5 |
| 46 | Q4A | | 9K2 A62 K A X58 K57KJ5 |

表 8-2　3人游戏

| num | card[0] | card[1] | card[2] | card[3] |
|---|---|---|---|---|
| 0 | | K8XKA2A95A | 27K5J5Q6K4 | 96J5A898QA |
| 7 | K29876X | KA2A95A | K5J5Q6K4* | J5A898QA |
| 8 | | KA2A95A | 5J5Q6K4KX67892K | J5A898QA |
| 11 | 5JK | A2A95A | J5Q6K4KX67892K* | 5A898QA |
| 12 | 5 | A2A95A | 5Q6K4KX67892KJKJ* | 5A898QA |
| 13 | | A2A95A | Q6K4KX67892KJKJ55 | 5A898QA |
| 17 | Q5 A6 | 2A95A | K4KX67892KJKJ55 | A898QA* |
| 18 | Q5 | 2A95A | K4KX67892KJKJ55 | 898QA A6A |
| 24 | Q582 K9 A4 | 95A | KX67892KJKJ55 | 8QA A6A* |
| 25 | Q5 | 95A | KX67892KJKJ55 | QA A6A84A9K28* |
| 26 | | 95A | KX67892KJKJ55 | A A6A84A9K28Q5Q |
| 29 | A9K | 5A | X67892KJKJ55 | A6A84A9K28Q5Q* |
| 30 | | 5A | X67892KJKJ55 | 6A84A9K28Q5QAK9A |
| 34 | 65 X A | A* | 67892KJKJ55 | 84A9K28Q5QAK9A |
| 35 | 65 X | AA | 67892KJKJ55 | 84A9K28Q5QAK9A |

| num | card[0] | card[1] | card[2] | card[3] |
|---|---|---|---|---|
| 36 | 65 XA | A | 67892KJKJ55* | 84A9K28Q5QAK9A |
| 37 | | A | 7892KJKJ556 A X56 | 84A9K28Q5QAK9A |
| 38 | 78 A | | 892KJKJ556 A X56 | 4A9K28Q5QAK9A |

（8）测试用例。

用例 1：输入2

      K8XKA2A95A

      27K5J5Q6K4

   输出 9K2A62KAX58K57KJ5

用例 2：输入3

      K8XKA2A95A

      27K5J5Q6K4

      96J5A898QA

   输出 892KJKJ556AX56

      4A9K28Q5QAK9A

用例 3：输入2

      96J5A898QA

      6278A7Q973

   输出 2J9A7QA6Q6889977

用例 4：输入2

      25663K6X7448

      J88A5KJXX45A

   输出 6KAJ458KXAX885XJ645

### 8.5.2.2 程序实现

```
1   #include <stdio. h>                        //c8_5_1
2   #include <string. h>
3   #define M 60
4   #define N 10                               //最多游戏人数
5   #define NUM 1000                           //最大放牌次数
6   int n;                                     //玩牌人数
7   char card[N+1][M*2+1];
8   char begin[N+1]={0}, end[N+1];             //列头位置 begin 初始化为 0,队尾位置 end
9   int num=0;                                 //游戏次数初始化为 0
10  int check(char c)                          //返回相同牌的位置,没有返回-1
11  {
12    int i=0;
13    for(i=begin[0];i!=end[0];)               //从桌上队头到桌上队尾检查
14    {
15      if(c==card[0][i])                      //当前牌 c 与桌上牌一致
16        return i;                            //返回位置
```

```
17        i=(i+1)%(2*M);
18    }
19    return -1;
20  }
21  void get(int k, int locate)                      //k 从桌上队尾开始取到第 locate 张牌
22  {
23    int i, u=end[k];                                //u 为 k 队尾位置
24    card[0][end[0]]=card[k][begin[k]];              //k 队头牌放在桌上队尾
25    card[k][begin[k]]=' ';
26    begin[k]=(begin[k]+1)%(2*M);                    //k 队头位置更新
27    for(i=end[0];i!=locate-1;)                      //从桌上队尾开始取牌,取到第 locate 张牌
28    {
29      card[k][u]=card[0][i];                        //取牌
30      card[0][i]=' ';
31      u=(u+1)%(2*M);                                //k 队尾位置变化
32      i=(i-1)%(2*M);                                //桌上队尾位置变化
33    }
34    end[k]=u;                                       //k 队尾位置更新
35    end[0]=locate;                                  //桌上队尾位置更新
36  }
37  void print(int k)                                 //打印 k 队牌
38  {
39    int i;
40    for(i=begin[k];i!=end[k];)                      //从队头到队尾
41    {
42      printf("%c", card[k][i]);
43      i=(i+1)%(2*M);
44    }
45    printf("\n");
46  }
47  void put(int k)                                   //k 放牌
48  {
49    if(num==NUM)                                    //放牌次数 num 达到最大放牌次数 NUM 停止
50      return;
51    num++;
52    int locate;
53    locate=check(card[k][begin[k]]);                //返回相同牌的位置, 没有返回-1
54    if(locate==-1)                                  //放牌
55    {
56      card[0][end[0]]=card[k][begin[k]];            //k 队头牌放在桌上队尾
57      card[k][begin[k]]=' ';
58      end[0]=(end[0]+1)%(2*M);                      //桌上队尾位置更新
59      begin[k]=(begin[k]+1)%(2*M);                  // k 队头位置更新
60      if(((end[k]-begin[k])%(2*M))==0)              //k 没牌了
61      {
62        for(int i=1;i<=n;i++)
63          if(i!=k)                                  //打印其他人手上的牌
64              print(i);
65      } else
66      {
67        k=(k+1)%(n+1);                              //下一个人准备
```

```
68        if(k==0)                          //跳过桌
69          k++;
70        put(k);                           //下一个人放牌
71     }
72   }else                                  //如果桌子上有相同的牌
73   {
74     get(k,locate);                       //k 从位置 locate 开始取牌
75     put(k);                              //k 放牌
76   }
77 }
78 void main()
79 {
80   int i;
81   scanf("%d",&n);                        //输入游戏人数 n
82   for(i=1;i<=n;i++)
83   {                                      //输入参与游戏的初始手里牌
84     scanf("%s",card[i]);
85     end[i]=strlen(card[i]);              //计算每个队尾位置
86   }
87   end[0]=0;                              //桌上没有牌,队尾为 0
88   put(1);                                //第 1 个人先放
89 }
```

程序中函数 put 放牌, get 取牌, check 检查桌上有没有相同的牌, 如果有, 返回相同牌的位置, 以便 get 取牌。程序用字符数组存放牌, 用数组 begin 存放各串的头位置, 用数组 end 存放串的尾位置, 由于不停地放和取, 有可能队尾<队头, 所以每次迭代头尾位置时, 都要对 2M 求余, 如代码第 17、26、31、32、43、58、59、60 行。

### 8.5.2.3 时间复杂度分析

本程序运行时间与实验数据密切相关, 最少放牌次数是 n 倍的最短串长, 本程序设置了最大放牌次数 NUM。

### 8.5.2.4 空间复杂度分析

本程序设置了一个二维数组, 空间复杂度为 O(NM)。

# 8.6　模拟小结

本章模拟解决了赌局问题、付账问题等, 这些问题用前面介绍的算法求解, 比较困难。模拟一般没有严格的框架, 需要对问题发展过程进行模拟, 有时因为数据的不同, 结果不是一个确定的值。应用程序模拟操作或过程时, 要注意模拟量随过程的实际变化而变化, 注意控制过程结束。

# 8.7　习题 8

(1) 问答题:
模拟如何实施?
(2) 算法设计题:

1）甲、乙、丙、丁四个球队。根据他们过去比赛的成绩，得出每个队与另一个队对阵时取胜的概率表：

|  | 甲 | 乙 | 丙 | 丁 |
|---|---|---|---|---|
| 甲 | — | 0.1 | 0.3 | 0.5 |
| 乙 | 0.9 | — | 0.7 | 0.4 |
| 丙 | 0.7 | 0.3 | — | 0.2 |
| 丁 | 0.5 | 0.6 | 0.8 | — |

数据含义：甲对乙的取胜概率为 0.1，丙对乙的胜率为 0.3……现在要举行一次锦标赛，赛程如图 8-4 所示。双方抽签，分两个组比，获胜的两个队再争夺冠军。

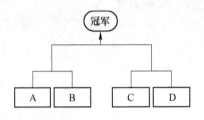

图 8-4　赛程

请进行 10 万次模拟，计算出甲队夺冠的概率。

2）外星人将对地球发起攻击。地球人派出 A × B × C 艘战舰，在太空中排成一个 A 层 B 行 C 列的立方体。其中，第 i 层第 j 行第 k 列的战舰（记为战舰 (i, j, k)）的生命值为 d(i, j, k)。

外星人将对地球发起 m 轮"立方体攻击"，每次攻击会对一个小立方体中的所有战舰都造成相同的伤害。例如，第 t 轮攻击用 7 个参数 1at、rat、lbt、rbt、lct、rct、ht 描述。

所有满足 i ∈ [lat, rat]、j ∈ [lbt, rbt]、k ∈ [lct, rct] 的战舰 (i, j, k) 会受到 ht 的伤害。如果一个战舰累计受到的总伤害超过其防御力，那么这个战舰会爆炸。

请问第一艘爆炸的战舰是在哪一轮攻击后爆炸。

输入格式：从标准输入读入数据。

第 1 行包括 4 个正整数 A、B、C、m。

第 2 行包含 A × B × C 个整数，其中第 ((i−1)×B + (j−1))× C+(k−1)+1 个数为 d(i, j, k)。

第 3 到第 m + 2 行中，第 (t−2) 行包含 7 个正整数 lat、rat、lbt、rbt、lct、rct、ht。

输出格式：输出第一个爆炸的战舰是在哪一轮攻击后爆炸的。保证一定存在这样的战舰。

**算法的综合应用**

## 9.1 时间问题求解

时间问题是日常生活中的常见问题。

### 9.1.1 与时间有关的概念

#### 9.1.1.1 闰年

闰年是公历中的名词,是为弥补因人为历法造成的年度天数与地球实际公转周期的时间差而设立的。闰年分为普通闰年和世纪闰年。

普通闰年:公历年份是 4 的倍数,且不是 100 的倍数,如 2004 年、2016 年是闰年,2001 年不是闰年。

世纪闰年:公历年份是 400 的倍数且不是 3200 的倍数,是闰年;公历年份是 172800 的倍数的年份是闰年,如 2000 年是世纪闰年,1900 年不是闰年。

非闰年称为平年,平年每年 365 天(1~12 月分别为 31 天、28 天、31 天、30 天、31 天、30 天、31 天、31 天、30 天、31 天、30 天、31 天)。

闰年每年 366 天(1~12 月分别为 31 天、29 天、31 天、30 天、31 天、30 天、31 天、31 天、30 天、31 天、30 天、31 天)。

在 C 语言中,设 y 为年,如果满足关系式(9-1),则为闰年,否则为平年。

$$(y\%4==0\&\&y\%100!=0)||(y\%400==0\&\&y\%3200!=0)||(y\%172800==0) \qquad (9-1)$$

#### 9.1.1.2 星期

星期,又称为周。一周从哪一天开始并不是统一的。

许多母语为英语的国家、一些信奉犹太教的地方、日本及埃及的一星期是从星期六开始的;多数欧洲国家(如法国)、我国、许多英文字典把星期一作为一星期的第一天;古代巴比伦人、《圣经》、美国则以星期日开始。

在 Excel 中,用函数 Weekday 返回某日期是星期几,缺省时以星期日为第一天;Java 中 Calendar 类 getFirstDayOfWeek 方法用于获得星期的第一天,以星期日为第一天。

C 语言中没有专门计算星期几的函数,可用基姆拉尔森公式(9-2)计算星期:

$$w=(d+2*m+3*(m+1)/5+y+y/4-y/100+y/400+1)\%7 \qquad (9-2)$$

式中,d 表示日期中的日数;m 表示月份数;y 表示年数;w=0 表示星期日,w=1 表示星期一。(注意 1 月、2 月当作上一年的 13 月、14 月来计算,基姆拉尔森公式推导请参见相关资料)。

在不考虑闰年的情况下,一年 365 天,365%7=1,就是说一年的第一天和最后一天星期是相同的。

### 9.1.1.3  公元元年

公元元年也称公历纪年，或基督纪年。注意没有公元 0 年，公元元年的前一年就是公元前 1 年，公元元年的后一年是公元 2 年。1 年 1 月 1 日是星期一。

## 9.1.2  黑色星期五

### 9.1.2.1  问题描述

在西方，星期五和数字 13 代表坏运气，不管哪个月的 13 日恰逢星期五都称为"黑色星期五"，请判断某年是否包含黑色星期五，如包含，给出具体日期。

### 9.1.2.2  解法

（1）算法思想：检查每月 13 日是否是星期五。

（2）输入：年 year。

（3）输出：若不包含，输出 no；

否则输出具体的年 year，月 month，日 day。

（4）算法：枚举。

（5）框架：对每月 13 日枚举（简单枚举法）。

（6）枚举区间：月 month：[1，12]，步长：1。

（7）约束条件：13 日是否是星期五。

A  解法 1

用基姆拉尔森公式计算星期。

a  程序实现

```
1   #include <stdio. h>                          //c9_1_1
2   int weekday(int year, int month, int d)      //用基姆拉尔森公式计算星期
3   {
4     int y=year, m=month, w;
5     if(month==1||month==2)
6     {                                          //将 1、2 月当作上一年的 13、14 月来计算
7       y=year-1;
8       m=month+12;
9     }
10    w=(d+2*m+3*(m+1)/5+y+y/4-y/100+y/400+1)%7;
11    return w;
12  }
13  void main()
14  {
15    int n=0, year, month;
16    scanf("%d", &year);                        //输入年
17    for(month=1;month<=12;month++)
18    {
19      if(weekday(year, month, 13)==5)          //判断是否是周五
20      {
21        n++;
22        printf("%d %d 13\n", year, month);
23      }
24    }
25    if(n==0)                                    //没有结果
```

```
26      printf("no");
27  }
```

子函数 weekday 用基姆拉尔森公式计算星期，第 5~9 行处理 1 月、2 月（1 月、2 月当作上一年的 13 月、14 月来计算），第 10 行是基姆拉尔森公式计算星期。

程序第 17~24 行对月进行枚举，第 19 行是约束条件。

程序运行结果见表 9-1。

表 9-1　黑色星期五测试数据

| 输入 year | 输出 |
| --- | --- |
| 1900 | 1900 4 13<br>1900 7 13 |
| 1998 | 1998 2 13<br>1998 3 13<br>1998 11 13 |
| 2000 | 2000 10 13 |
| 2001 | 2001 4 13<br>2001 7 13 |
| 2004 | 2004 2 13<br>2004 8 13 |
| 2016 | 2016 5 13 |
| 2017 | 2017 1 13<br>2017 10 13 |
| 2019 | 2019 9 13<br>2019 12 13 |
| 2020 | 2020 3 13<br>2020 11 13 |

b　验证方法

本例除了找日历验证，还可以用以下方法：

（1）方法 1　打开计算机任务栏右下角的 Windows 日历，如图 9-1 所示，检查每月 13 日是否是周五。

（2）方法 2　运用 Excel 验证：打开 Excel，在 A1~A12 依次输入月份 1~12，C1 中输入年，在 B1 中输入公式"=WEEKDAY(DATE($C$1, A1, 13), 2)"，将鼠标放在 B1 右下角，待其变为"+"时向下拉，填充至 B12，如图 9-2 所示，B 列中值为 5 的对应 A 列的值即为黑色星期五的月份。

c　时间复杂度分析

本程序循环 12 次，不会随输入增加，复杂度数量级为 O(1)。

d　空间复杂度分析

本程序定义了简单变量，复杂度数量级为 O(1)。

图 9-1　日期时间设置

| | A | B | C | D | E | F |
|---|---|---|---|---|---|---|
| B1 | | | $f_x$ | =WEEKDAY(DATE($C$1,A1,13),2) | | |
| 1 | 1 | 7 | 2019 | | | |
| 2 | 2 | 3 | | | | |
| 3 | 3 | 3 | | | | |
| 4 | 4 | 6 | | | | |
| 5 | 5 | 1 | | | | |
| 6 | 6 | 4 | | | | |
| 7 | 7 | 6 | | | | |
| 8 | 8 | 2 | | | | |
| 9 | 9 | 5 | | | | |
| 10 | 10 | 7 | | | | |
| 11 | 11 | 3 | | | | |
| 12 | 12 | 5 | | | | |

图 9-2　在 Excel 中验证

B　解法 2

a　算法思想

公元 1 年第 1 天（下称"起始天"）是星期一，要计算某天是星期几，只要用这天与起始天之差对 7 求余，若余数为 0，则这天与起始天星期相同，也是星期一，否则，余数+1就是这天的星期。

year 年 month 月 day 日与起始天之差，等于 year 年 1 月 1 日与起始天之差加上 year 年 month 月 day 日与 year 年 1 月 1 日之差。

year 年 1 月 1 日与起始天之差是：

$$（year-1）*365+（公元 1 年到 year-1 年中闰年的个数）\qquad(9-3)$$

每 4 年一个闰年，第 100 年少一个闰年，每 400 年加一个闰年，因此公元 1 年到 year-1 年的闰年数为：

$$（year-1）/4-year/100+year/400\qquad(9-4)$$

所以 year 年 1 月 1 日与起始天之差是：

$$（year-1）*365+（year-1）/4-year/100+year/400\qquad(9-5)$$

year 年 1 月 1 日的星期为：w=（（year-1）*365+（year-1）/4-year/100+year/400）%7+1，因为 364 是 7 的倍数，所以：

w =（（year-1）+（year-1）/4-year/100+year/400）%7+1//最后的 1 可以放在括号里

$$=（（year-1）+（year-1）/4-year/100+year/400+1）%7\qquad(9-6)$$

所以 year 年第 D 天星期几用以下公式计算：

$$((year-1)+(year-1)/4-year/100+year/400+D)\%7 \tag{9-7}$$

b　程序实现

```
1   #include <stdio.h>                                              //c9_1_2
2   void main()
3   {
4     int days[13]={0, 31, 28, 31, 30, 31, 30, 31, 31, 30, 31, 30, 31};   //每个月的天数
5     int year, w, D=12, month;                                    //13 号与 1 号间差 12 天
6     int leap=0, n=0;
7     scanf("%d", &year);                                          //输入年
8     w=((year-1)+(year-1)/4-(year-1)/100+(year-1)/400+1)%7;       //某年的第一天星期
9     if(year%4==0&&year%100!=0||year%400==0)                      //判断 year 年是不是闰年
10       leap =1;
11    for(month=1;month<=12;month++)
12    {
13      if((D+w)%7==5)
14      {
15        n++;
16        printf("%d %d 13\n", year, month);
17      }
18      D=D+days[month];
19      if(month==2&& leap ==1)                                    //闰年且 2 月
20        D=D++;
21    }
22    if(n==0)
23      printf("no");
24  }
```

程序第 8 行计算某年第一天星期几，第 9 行判断某年是不是闰年，D 表示与某年第一天相差的天数。

c　时间复杂度分析

本程序循环 12 次，不会随输入增加，复杂度数量级为 O(1)。

d　空间复杂度分析

本程序定义了 1 个一维数组变量，复杂度数量级为 O(n)。

C　解法 3

a　算法思想

当前日期 y 年 m 月 d 日星期几已知，可以计算 y 年 1 月 1 日星期几。

平年一年 365 天，365%7=1，就是说一年的第一天和最后一天是相同的，即后一年第一天的星期是前一年星期+1；闰年是+2。由此可计算 year 年 1 月 1 日星期几。

然后依次检查 year 年各月 13 日星期后判断是否是黑色星期五。

b　程序实现

```
1   #include <stdio.h>                                              //c9_1_3
2   int days[13]={0, 31, 28, 31, 30, 31, 30, 31, 31, 30, 31, 30, 31};   //每个月的天数
3   int isleapyear(int y)
4   {                                                              //判断 y 年是否是闰年
5     if(y%4==0&&y%100!=0||y%400==0)
6       return 1;                                                   //是闰年
```

```
7       else
8          return 0;                          //不是闰年
9   }
10  int daysdif(int y, int m, int d)
11  {                                         //计算 y 年 m 月 d 日距 y 年第一天间隔天数
12      int D=0;                              //y 年 1 月 1 日到 y 年 m 月 d 日的天数差
13      int month;
14      for(month=1;month<m;month++)
15      {
16          D=D+days[month];
17          if(month==2&&isleapyear(y))       //闰年且是 2 月
18              D=D+1;
19      }
20      return D+d-1;
21  }
22  int weekfirst(int y, int m, int d, int w)
23  {                                         //由已知的 y 年 m 月 d 日是周 w，返回 y 年第一天是周几
24      int D=daysdif(y, m, d);               //计算 y 年 m 月 d 日距 y 年第一天间隔天数
25      w=7+(w-D)%7;                           //y 年 1 月 1 日星期几
26      return w;
27  }
28  int weekdef(int y1, int y2)
29  {                                         //求 y2 年第一天星期-y1 年第一天星期
30      int min, max, D, i;
31      min=y1<y2? y1:y2;
32      max=y1<y2? y2:y1;
33      D=0;
34      for(i=min;i<max;i++)                  //y1 年与 y2 年首日差的星期
35      {                                     //平年，每年第一天与最后一天相同，因此两年星期差 1，闰年差 2
36          D=D+1;
37          if(isleapyear(i)==1)
38              D++;
39      }
40      if(y1<=y2)
41          return D%7;
42      else
43          return -D%7;
44  }
45  void main()
46  {
47      int year, month, D, Dif;
48      int n=0;
49      int w, week;
50      scanf("%d", &year);                   //输入年
51      week=weekfirst(2019, 8, 27, 2);       //由 2019 年 8 月 27 日是周 2 求 2019 年 1 月 1 日星期几
52      Dif=weekdef(2019, year);              //2019 年与 year 年第一天星期差
53      w=(week+Dif)%7;                       //year 年第一天星期
54      D=12;                                 //13 号与 1 号间差 12 天
55      for(month=1;month<=12;month++)
56      {
57          if((D+w)%7==5)
58          {
59              n++;
60              printf("%d %d 13\n", year, month);
61          }
```

```
62      D=D+days[month];
63      if(month==2&& isleapyear(year))    //闰年且2月
64         D=D++;
65   }
66   if(n==0)                              //没有结果
67      printf("no");
68 }
```

子函数 isleapyear 用于判断某年是否是闰年，子函数 daysdif 用于求某日与当年第一天的间隔天数，子函数 weekfirst 由已知某天的星期，计算当年第一天的星期，子函数 weekdef 计算两年间星期差。

c 验证方法

程序调试过程中，常常需要验证中间结果，如本例中验证子函数 daysdif 是否正确，除了使用日历、Excel 公式外，还可以使用 Windows 计算器，如图 9-3 所示，点击菜单中"查看"—"科学型"或"程序员"—在右侧选择"计算两个日期之差"—输入两个日期—点击"计算"按钮即可。

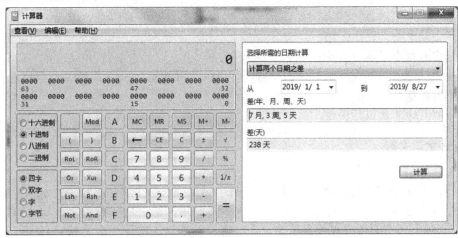

图 9-3 计算两个日期之差

也可以在图 9-3 中加上或减去到指定日期的天数，如图 9-4 所示。

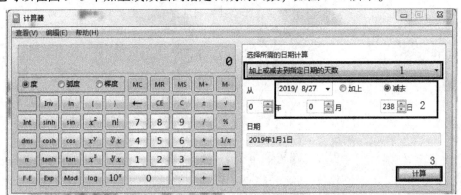

图 9-4 减去到指定日期的天数

d 时间复杂度分析

子函数 weekdef 用于计算两年间星期差，比前两种解法耗时多，但本例不需了解基姆拉尔森公式和公元 1 年第 1 天星期几,而是由当天日期计算。

e   空间复杂度分析

本例设置了一个一维数组,空间复杂度数量级为 O(n)。

### 9.1.2.3   黑色星期五小结

本节讲述了黑色星期五的几种解法,主要通过枚举检查每个月 13 日是否是星期五,在判断星期的计算中,解法 1 需要理解使用基姆拉尔森公式,解法 2 需了解公元 1 年第 1 天是星期一。当以上两个都不知道时,可以使用隐含条件——当天的日期和星期来计算。在对日期进行验证时,可以采用 Windows 日历、Excel 公式、Windows 计算器等多种工具。

# 9.2   树问题求解

在日常生活中,经常遇到与树有关的问题。

树是一种重要的数据结构,它是由有限结点组成的一个具有层次关系的集合,每个结点有零个或多个子结点,没有父结点的结点为根结点,每个非根结点有且只有一个父结点,除了根结点外,每个子结点可以分为多个不相交的子树。二叉树是一种特殊的树,每个结点最多有两个子树(左子树和右子树)。

解决树问题,需要先仔细观察,明确已知条件,寻找隐含条件,最后思考问题是否可以用基本算法解决。

以下举几个实例进行说明。

## 9.2.1   完全二叉树

### 9.2.1.1   问题描述

一棵包含 n 个结点的完全二叉树,树上每个结点都有一个权值,按从上到下、从左到右的顺序依次是 $A_1$, $A_2$, …, $A_n$,如图 9-5 所示,请问哪一层的权值之和最大(根为第一层),如果有多个深度的权值和同为最大,输出其中最小的深度及最大权值和。输入格式:第一行包含一个整数 n。第二行包含 n 个整数 $A_1$, $A_2$, …, $A_n$。

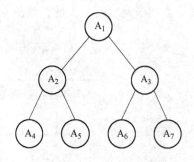

图 9-5   n 个结点的二叉树

### 9.2.1.2   解法

术语:完全二叉树:对于深度为 h' 的有 n 个结点的二叉树,其每一个结点都与深度为 h' 的满二叉树中编号从 1~n 的结点一一对应。除了第 h' 层外,其他各层的结点数都达到最大个数,第 h' 层所有的结点都连续集中在最左边。

A　算法思想

分别计算每一层的权值和，求出最大权值之和所在的深度。

完全二叉树第 1 层　从 $2^0$~$2^1-1$　$2^0$ 个结点

第 2 层　从 $2^1$~$2^2-1$　$2^1$ 个结点

第 3 层　从 $2^2$~$2^3-1$　$2^2$ 个结点

⋮

第 h 层　从 $2^{h-1}$~$2^h-1$　$2^{h-1}$个结点

⋮

除最后一层外，第 h 层的结点数是第 h-1 层结点数的 2 倍。

（1）输入：二叉树的结点数 n 及各结点的权值 $A_1$，$A_2$，…，$A_n$。

（2）输出：最大权值之和所在的深度 high。

（3）算法：枚举、递推。

（4）枚举区间：1~n。

B　实施步骤

（1）初始化：层数 h=1，第 h 层最多结点数 max_h=1，最大权值和 max=-100001，第 h 层权值和 s=0。

（2）输入：完全二叉树结点数 n。

（3）遍历每一个结点：

1）输入结点权值 a。

2）权值累加 s=s+a，当前层结点数 j++。

3）如果当前层累加完（j=max_h）或最后一个结点算完 i=n：

①如果累加和 s>最大权值和 max，记下当前深度 h 和累加和 s。

②准备下一层运算：层数 h 加 1，最多结点数 max_h 乘以 2，权值和 s 清 0，结点数 j 清 0。

（4）输出：最大权值和所在深度 high。

C　程序盒图（如图 9-6 所示）

D　测试数据（见表 9-2）

表 9-2　测试数据

| 输　入 | 输　出 |
| --- | --- |
| 7<br>1 6 5 4 3 2 1 | 2 11 |
| 7<br>12 6 5 4 3 2 1 | 1 12 |
| 7<br>1 6 5 4 3 2 3 | 3 12 |
| 7<br>12 6 5 4 3 2 3 | 1 12 |
| 6<br>12 6 5 4 3 23 | 3 30 |

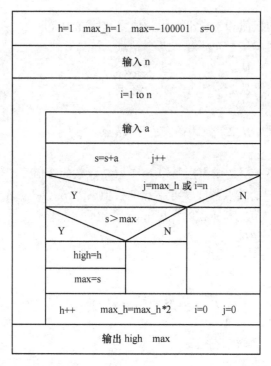

图 9-6　盒图

### E　程序实现

```
1    #include <stdio.h>                          //c9_2_1
2    void main( )
3    {
4      int i, j=0, n, a, h=1, max_h=1, high;
5      __int64 max=-100001, s=0;
6      scanf("%d", &n);                          //输入结点个数 n
7      for(i=1;i<=n;i++)                          //枚举, 从第 1 个结点到第 n 个结点
8      {
9        scanf("%d", &a);                         //输入结点权值
10       s=s+a;                                    //权值累加
11       j++;                                      //当前层结点数加 1
12       if(j==max_h||i==n)                        //第 h 层算完或最后一个结点算完
13       {
14         if(s>max)                                //当大于最大权值和时, 记下深度及权值和
15         {
16           high=h;
17           max=s;
18         }
19         h++;                                    //层数加 1
20         max_h=max_h*2;                          //递推:下一行结点个数是上一行的 2 倍
21         s=0;                                    //权值和清 0, 准备下一行和的计算
22         j=0;                                    //用于计下一行的结点个数
23       }
24     }
25     printf("%d%I64d\n", high, max);            //打印最大权值和所在的深度
26   }
```

程序第 7 行对结点进行枚举，第 12 行判断某层结点是否累加完，第 19~22 行是为下一层运算做准备，第 20 行递推计算下一层结点个数。

**F 时间复杂度分析**

本程序遍历所有结点，算法时间复杂度为 O(n)。

**G 空间复杂度分析**

本程序设置了 9 个简单变量，复杂度为 O(1)。

### 9.2.1.3 完全二叉树小结

本小节讨论了完全二叉树问题，其求解的关键是理解完全二叉树的定义、性质。

## 9.2.2 没有上司的舞会

### 9.2.2.1 问题描述

有个公司要举行一场晚会。为了能玩得开心，公司领导决定：如果邀请了某个人，那么一定不会邀请他的上司（上司的上司，上司的上司的上司……都可以邀请）。每个参加晚会的人都能为晚会增添一些气氛，求一个邀请方案，使气氛值的和最大。输入格式：第 1 行一个整数 n(1≤n≤6000) 表示公司的人数。第 2 行 n 个整数，分别表示 n 个人的气氛值 r(-128≤r≤127)。接下来每行两个整数 L、K，表示第 K 个人是第 L 个人的上司。输入以 0 0 结束。输出最大的气氛值和及邀请方案。

样例输入：

7

2 4 6 8 10 12 15

1 3

2 3

6 4

7 4

4 5

3 5

0 0

样例输出：

43

1 1 0 0 1 1 1

### 9.2.2.2 解法

**A 分析并建立数学模型**

（1）输入：公司的人数 n（样例中 n=7）。

n 个人的气氛值，用整型数组 r 存储（样例中分别为 2、4、6、8、10、12、15）。

上下级关系：L、K。用数组 boss[L]=K 表示第 K 个人是第 L 个人的上司。

在向量 a[K] 尾部增加一个元素 L，如 a[3] 中有两个元素 1 和 2。表示第 3 个人有 1、2 两个下属。

（2）输出：最大的气氛值和。

（3）模型：公司组织结构可以看作一棵树，除了树根（公司老总）外，每个人都有个上司，每个职员可能有若干个下属，可用一个向量 vector 存放动态数组。

根据样例，可画出公司组织机构如图9-7所示，图中数字是员工编号，括号中是他的气氛值。

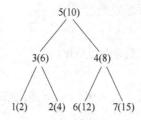

图9-7　公司组织结构图（样例）

（4）测试用例见表9-3。

表9-3　测试用例

| 输入 | 7 | 7 | 7 |
|---|---|---|---|
| | 2 4 6 8 10 12 15 | 2 4 3 8 4 1 2 | 2 4 6 8 10 12 15 |
| | 1 3 | 1 3 | 1 3 |
| | 2 3 | 2 3 | 2 3 |
| | 6 4 | 6 4 | 6 2 |
| | 7 4 | 7 4 | 7 1 |
| | 4 5 | 4 5 | 4 5 |
| | 3 5 | 3 5 | 3 5 |
| | 0 0 | 0 0 | 0 0 |
| 输出 | 43 | 14 | 41 |
| | 1 1 0 0 1 1 1 | 1 1 0 1 0 0 0 | 0 0 1 1 0 1 1 |

B　算法设计

（1）数据组织方式

1）变量 n：公司的人数。

2）数组 boss：上下级关系。

3）向量数组 a：存放职员的下属。

（2）算法：公司对每位员工都要做出决策，邀请或不邀请，是一个多阶段决策问题，共 n 个阶段，形成一个决策序列，是树型动态规划问题。树型动态规划问题一般要遍历整棵树。

1）划分阶段。对某位员工（结点）做决策，邀请或不邀请。

①邀请员工 i，其最优解为 i 的气氛值加上其所有下属都不邀请时的最优解之和。

②不邀请员工 i，其最优解为其所有下属决策最优解之和。

问题最优解为①和②的大值，包含下属决策的最优解。

2）确定递推关系。设解向量 $X = (x_1, x_2, x_3, x_4, x_5, x_6, x_7)$（$x_i$ 为决策，$x_i = 0$ 表示不邀请，$x_i = 1$ 表示邀请）。

此问题的约束条件为：

如果 $x_u = 1$ 则 $x_v = 0$，u 是 v 父结点（$1 \leq u, v \leq 7$）　　　　　　　　　　（9-8）

目标函数：
$$\sum_{i=1}^{7} x_i r[i] \qquad (1 \leqslant i \leqslant 7) \qquad\qquad (9\text{-}9)$$

本问题是求使目标函数取最大值时的解向量。

设：dp[i][0]，以 i 为根，且不选 i 这个结点的子树的最大气氛值；

dp[i][1]，以 i 为根，且选 i 这个结点的子树的最大气氛值。

son 是第 i 个人的下属。

不选 i，则对其所有下属 son 有两种选择：不选 son 的子树的最大气氛值 dp[son][0] 和选 son 的子树的最大气氛值 dp[son][1]，取他们中的大者，见式（9-10）。

$$dp[i][0] = \sum \max(dp[son][0], dp[son][1]) \qquad\qquad (9\text{-}10)$$

选 i，则对其所有下属 son 都不能选：不选 son 的子树的最大气氛值 dp[son][0]，见式（9-11）。

$$dp[i][1] = r[i] + \sum dp[son][0] \qquad\qquad (9\text{-}11)$$

边界条件：

$$dp[i][0] = 0$$
$$dp[i][1] = r[i] \qquad (i \text{ 为叶子结点}) \qquad\qquad (9\text{-}12)$$

3）递推求最优值。本问题所求的最大的气氛值和即为 max(dp[root][0], dp[root][1])。表 9-4 是最优决策表 dp，行表示决策（0~1），列表示结点编号。

初始化：叶子结点（1、2、6、7）：dp[i][0] = 0，dp[i][1] = r[i]。

**表 9-4　最优决策表 dp**

|   | 1 | 2 | 3 | 4 | 5 | 6 | 7 |
|---|---|---|---|---|---|---|---|
| 0 | 0 | 0 | 6 | 27 | 33 | 0 | 0 |
| 1 | 2 | 4 | 6 | 8 | 43 | 12 | 15 |

中间结点 3 的下属有 1 和 2：

dp[3][0] = max(dp[1][0], dp[1][1]) + max(dp[2][0], dp[2][1]) = 6

dp[3][1] = r[3] + dp[1][0] + dp[2][0] = 6

中间结点 4 的下属有 6 和 7：

dp[4][0] = max(dp[6][0], dp[6][1]) + max(dp[7][0], dp[7][1]) = 27

dp[4][1] = r[4] + dp[6][0] + dp[7][0] = 8

根结点 5 的下属有 3 和 4：

dp[5][0] = max(dp[3][0], dp[3][1]) + max(dp[4][0], dp[4][1]) = 33

dp[5][1] = r[5] + dp[3][0] + dp[4][0] = 10 + 6 + 27 = 43

4）构造最优解 find_solu(i, choose)。从树根 root 开始递归构造最优解 find_solu(root, 1)，其盒图如图 9-8 所示。

①如果某个结点 i 可选：如果 dp[i][1] ≥ dp[i][0]，选 i，$x_i = 1$，其下属不可选 choose = 0；否则不选 i，$x_i = 0$，其下属可选 choose = 1。

如果某个结点 i 不可选：不选 i，$x_i = 0$，其下属可选 choose = 1。

②递归遍历 i 的所有下属。

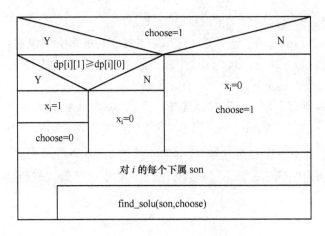

图 9-8　find_solu 盒图

$dp[5][1] \geq dp[5][0]$，所以 $x_5 = 1$，其下属都不能选 choose = 0。

遍历 5 的所有下属：

3 是 5 的下属：$x_3 = 0$，其下属可选 choose = 1；

　　遍历 3 的所有下属：

　　　　1 是 3 的下属：$dp[1][1] \geq dp[1][0]$，$x_1 = 1$，其下属可选 choose = 0；

　　　　　　1 没有下属，结束。

　　　　2 是 3 的下属：$dp[2][1] \geq dp[2][0]$，$x_2 = 1$，其下属可选 choose = 0；

　　　　　　2 没有下属，结束。

4 是 5 的下属：$x_4 = 0$，其下属可选 choose = 1；

　　遍历 4 的所有下属：

　　　　6 是 4 的下属：$dp[6][1] \geq dp[6][0]$，$x_6 = 1$，其下属可选 choose = 0；

　　　　　　6 没有下属，结束。

　　　　7 是 4 的下属：$dp[7][1] \geq dp[7][0]$，$x_7 = 1$，其下属可选 choose = 0；

　　　　　　7 没有下属，结束。

最优解为 (1, 1, 0, 0, 1, 1, 1)

C　程序实现

```
1    #include <iostream>                              //c9_2_2
2    #include <windows. h>
3    #include <vector>
4    using namespace std;
5    #define N 6001
6    vector<int> a[N];                                //创建用于存储整型数据的向量数组
7    int n, r[N], boss[N], x[N];
8    int dp[N][2];
9    void input( )
10   {
11       int i, L, K;
12       scanf("%d", &n);                             //输入公司的人数
13       for(i=1;i<=n;i++)
14           scanf("%d", &r[i]);                      //输入每人的气氛值
15       scanf("%d%d", &L, &K);                       //输入上下级关系
16       while(L! =0&&K! =0)
```

```
17      {
18          boss[L]=K;                                      //L 的上司是 K
19          a[K].push_back(L);                              //K 的下属,在容器最后插入数据
20          scanf("%d%d", &L, &K);
21      }
22  }
23  void dfs(int i)                                         //深度遍历,计算 dp
24  {
25      dp[i][0]=0;                                         //x 不参加
26      dp[i][1]=r[i];                                      //x 参加
27      for(int j=1;j<=a[i].size();j++)
28      {                                                   //对 i 的每一个下属
29          int son=a[i][j-1];
30          dfs(son);                                       //递归计算
31          dp[i][0]=dp[i][0]+max(dp[son][0], dp[son][1]);  //如果 x 不参加,其下属可以参加
                                                            //也可以不参加
32          dp[i][1]=dp[i][1]+dp[son][0];                   //如果 x 参加,其下属不可以参加
33      }
34  }
35  void find_solu(int i, int choose)                       //构造最优解
36  {
37      if(choose==1)                                       //i 可选
38      {
39          if(dp[i][1]>=dp[i][0])                          //参加比不参加最大气氛值大
40          {
41              x[i]=1;                                     //选 i
42              choose=0;                                   //i 的下属不能选
43          } else
44              x[i]=0;                                     //不选 i,其下属可选
45      } else                                              //i 不可选
46      {
47          x[i]=0;                                         //不选 i
48          choose=1;                                       //i 的下属可选
49      }
50      for(int j=1;j<=a[i].size();j++)
51      {
52          int son=a[i][j-1];                              //对 i 的每一个下属
53          find_solu(son, choose);                         //每个下属递归调用
54      }
55  }
56  void solve()
57  {
58      int i, root;
59      for(i=1;i<=n;i++)                                   //找根结点,即找没有上司的结点
60      {
61          if(boss[i]==0)                                  //如果 i 没有上司
62          {
63              root=i;
64              break;                                      //已找到根结点,跳出循环
65          }
66      }
67      dfs(root);                                          //从根结点开始,递归计算 dp
68      printf("%d\n", max(dp[root][0], dp[root][1]));      //打印最优值
```

```
69     find_solu( root, 1);                              //构造最优解
70 }
71 void main( )
72 {
73     input( );                                         //输入数据
74     solve( );                                         //处理
75     for( int i = 1;i<n;i++)
76        printf("%d ", x[i]);                           //打印最优解
77     printf("%d\n", x[i]);
78 }
```

程序第 6 行创建用于存储整型数据的向量数组 a；第 9~22 行子函数 input 输入公司人数 n，每个人的气氛值 r 和上下级关系；第 23~34 行子函数 dfs 递归计算 dp；第 35~55 行子函数 find_solu 递归构造最优解 x；第 56~70 行子函数 solve 寻找根结点，调用递归函数 dfs 和 find_solu；主函数调用输入函数 input 和处理函数 solve 并输出最优解。

D　时间复杂度分析

本程序遍历所有结点，算法时间复杂度为 O(n)。

### 9.2.2.3　没有上司的舞会小结

本例讨论了树型动态规划问题，通常要使用递归遍历树，关键在于定义最优解，确定递推关系。

# 9.3　图问题求解

在日常生活中，经常遇到与图有关的问题。

解决图问题，需要先仔细观察，明确已知条件，寻找隐含条件，然后思考问题是否可以用基本算法解决，最后再使用基本算法求解。

图的问题常常需要用到遍历，图的遍历是从图中某个顶点出发，按某种方法对图中的所有顶点访问且仅访问一次。图的遍历通常有深度优先搜索和宽度优先搜索两种。

以下举几个实例进行说明，部分实例难度较大，建议在学过前面基本算法后再学习。

## 9.3.1　方格分割

### 9.3.1.1　问题描述

有个 6×6 的方格，将格子剪成两部分，要求两部分的形状完全相同。如图 9-9 所示，统计一下共有多少种不同的分割方法（注意旋转对称是同一种分割方法）

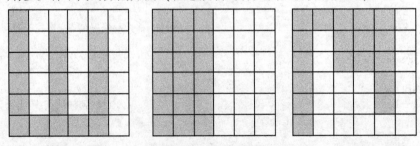

图 9-9　方格的分割

### 9.3.1.2 解法

**A 算法设计**

(1) 输入: 6×6 的方格, 格子由线相交形成, 用坐标表示, 左上角为 (0, 0), 右下角为 (6, 6), 正中间为 (3, 3)。

(2) 输出: 分割方案数 n。

(3) 隐含条件:

1) 剪线肯定经过点 (3, 3);

2) 剪线经过的点关于 (3, 3) 对称, 如果经过 (i, j), 必经过 (6-i, 6-j);

3) 剪线肯定到达边缘;

4) 剪线经过的点不重复;

5) 剪线可以往上、下、左、右任一方向。

(4) 模型: 本问题可以转化为寻找从点 (3, 3) 到边缘的路径, 可以向上下左右四个方向寻找, 每走一步, 对称方向也走一步, 所经过的点不能相同, 直到遇到边缘。因为旋转对称是同一种分割方法, 所得的方法数要除以 4。

(5) 算法: 递归回溯 (深度搜索)。

(6) 数据组织形式:

当前点坐标: i, j;

下一个点坐标: ni, nj;

方案数: n;

记录是否访问过: vis[i][j];

方向: 数组 x[] = {-1, 1, 0, 0}, y[] = {0, 0, -1, 1} 表示上下左右四个方向;

当前点 (i, j) 上方坐标为 (i-1, j) 即 (i+x[0], j+y[0]);

当前点 (i, j) 下方坐标为 (i+1, j) 即 (i+x[1], j+y[1])。

(7) 初始位置: (3, 3)。

(8) 取值: 0, ⋯, 3, 分别表示 4 个方向。

(9) 终止约束条件: i = 0 或 i = 6 或 j = 0 或 j = 6。

(10) 操作: 下一步 ni = i+x[k];

nj = j+y[k], 0, ⋯, 3, 分别表示 4 个方向;

如果 (ni, nj) 没访问过, 则访问, 且访问对称点。

**B 程序实现**

```
1   #include <stdio. h>                        //c9_3_1
2   #define N 6                                 //方格大小 N
3   int vis[N+1][N+1]={0};                      //记录是否访问过
4   int n=0;                                    //方案数
5   int x[4]={-1, 1, 0, 0};
6   int y[4]={0, 0, -1, 1};                     //分别表示上下左右
7   void dfs(int i, int j)                      //深度搜索
8   {
9     if(i==0||i==N||j==0||j==N)                //判断是否到达边界
10    {
11      n++;                                    //方案数加 1
```

```
12      return;
13   }
14   for(int k=0;k<4;k++)                        //四个方向
15   {
16      int ni=i+x[k];                           //下一步
17      int nj=j+y[k];
18      if(vis[ni][nj]!=1)                       //没访问过
19      {
20         vis[ni][nj]=1;                        //置走过
21         vis[N-ni][N-nj]=1;                    //置其对称点走过
22         dfs(ni,nj);                           //递归
23         vis[N-ni][N-nj]=0;                    //回溯
24         vis[ni][nj]=0;
25      }
26   }
27 }
28 void main()
29 {
30   vis[N/2][N/2]=1;                            //vis[3][3]
31   dfs(N/2,N/2);                               //深度搜索dfs(3,3)
32   printf("%d\n",n/4);
33 }
```

程序调用子函数 dfs 进行深度遍历,第 22 行递归调用,第 23、24 行实现回溯,第 31 行（N/2，N/2）是初值,第 14 行取值范围为 0~3,4 个方向,第 9 行是终止约束条件,数组 vis 用于设置坐标是否访问过。

### 9.3.1.3　方格分割小结

方格分割解题难点在于寻找问题的隐含条件,这需要多观察、多练习。有些图的问题可以转化为基本的算法来解决。

## 9.3.2　邮票问题

### 9.3.2.1　问题描述

有 12 张生肖邮票,从中剪下 5 张,要求相连,图 9-10 所示是合格的剪取,图 9-11 所示不是合格的剪取（仅连接一个角不算相连）。请问一共有多少种不同的剪取方法?

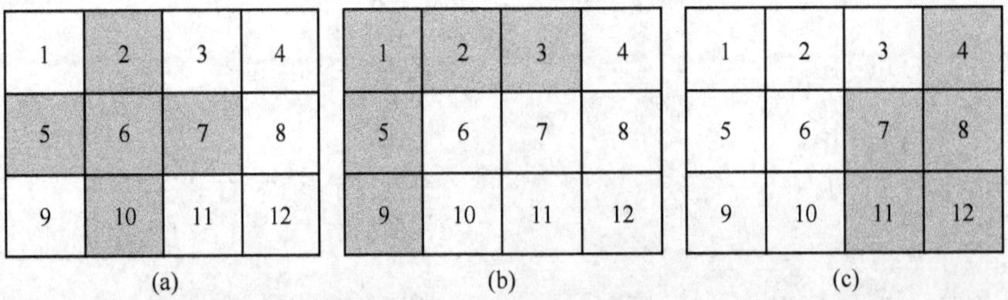

图 9-10　合格剪取

(a) 合格剪取 1；(b) 合格剪取 2；(c) 合格剪取 3

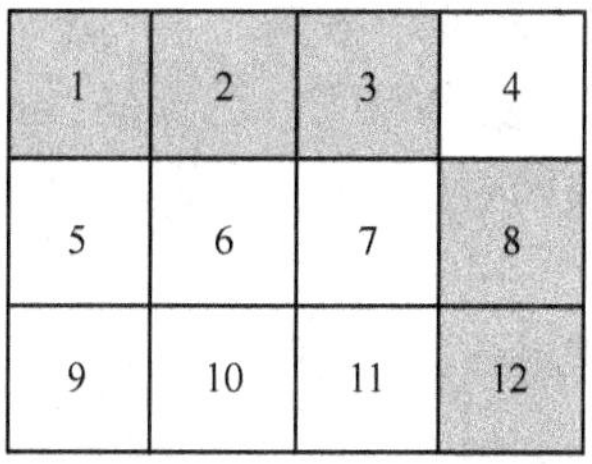

图 9-11  不合格剪取

#### 9.3.2.2  解法

A  解法 1（递归法选取邮票、深搜检查相连 1）

a  算法设计

（1）输入：无。

（2）输出：合法剪取的方案数 n。

（3）隐含条件：邮票与其上下左右邮票相连。

（4）模型（解题思路）：从 12 张邮票中取出 5 张，检查它们是否相连。

从 12 张邮票中取 5 张，有 $\dfrac{12!}{5!7!}=792$ 种方法。

（5）数据组织形式：

当前点坐标：(i, j)。

下一个点坐标：(ni, nj)。

方案数：n。

选择的邮票：数组 a[i]（0<i<6）。

记录是否访问过：vis[i]，i 是邮票编号（0<i<13），选中 1，没选中-1。

方向：数组 x[]={-1, 1, 0, 0}，y[]={0, 0, -1, 1} 表示上下左右四个方向。

当前点 (i, j) 上方坐标为 (i-1, j) 即 (i+x[0], j+y[0])。

当前点 (i, j) 下方坐标为 (i+1, j) 即 (i+x[1], j+y[1])。

（6）选择邮票 choose(i, j)：i 表示选择邮票编号，j 表示准备选第 j 张邮票。

1）描述递归关系：

情况 1：选编号为 i 的邮票为第 j 张被选中的邮票。

```
a[j]=i;                    //选第 i 张邮票
choose(i+1, j+1);          //检查邮票 i+1 选第 j+1 张邮票
```
情况 2：不选编号为 i 的邮票。

```
choose (i+1, j);           //检查邮票 i+1 选第 j 张邮票
```
2）确定边界条件：i>13 已检查完所有邮票，返回；

j=6，已选够 5 张邮票，不用再选。

（7）从 (i, j) 开始检查邮票相连情况 connect（深度优先搜索）。

分别对位置 (i, j) 上下左右相邻位置的邮票做如下操作：

1）计算相邻位置坐标：

ni=i+x[k]

nj=j+y［k］   0，…，3，分别表示 4 个方向。

2）如果（ni，nj）上的数 num 没检查过，则检查 num 是否选中：

①如果选中：置选中，递归调用 connect；

②如果没选中：置没有选中。

（8）检查邮票是否符合要求 judge：

1）找到第一张选取的邮票位置（i，j）；

2）置（i，j）选中；

3）从（i，j）开始，检查邮票相连情况 connect；

4）统计标注为 1 的邮票张数，如果正好为 5，是合格剪取，否则是不合格剪取。

对于图 9-10（a）的检查过程：

1）从第一张选取的邮票 2 开始检查，vis［2］=1，检查上下左右的邮票是否标注过、选中，2 上面没有邮票，因此分别检查 6、1、3，先检查邮票 6，待检查邮票为 1、3；

2）邮票 6 没有检查过、选中，vis［6］=1，则从当前邮票 6 递归调用方法 connect，需要检查 2、10、5、7（2 已标注过），先检查邮票 10，待检查邮票为 5、7、1、3；

3）邮票 10 没有检查过、选中，vis［10］=1，则从当前邮票 10 递归调用方法 connect，需要检查 6、9、11（6 已检查过），先检查邮票 9，待检查邮票为 11、5、7、1、3；

4）邮票 9 没有检查过、没选中，vis［9］=-1。检查 11，待检查邮票为 5、7、1、3；

5）邮票 11 没有检查过、没选中，vis［11］=-1。检查 5，待检查邮票为 7、1、3；

6）邮票 5 没有检查过、选中，vis［5］=1，则从当前邮票 5 递归调用方法 connect，需要检查 1、9、6(9、6 已标注过)，先检查邮票 1，待检查邮票为 7、1、3；

7）邮票 1 没有检查过、没选中，vis［1］=-1。先检查邮票 7，待检查邮票为 1、3；

8）邮票 7 没有检查过、选中，vis［7］=1，则从当前邮票 7 递归调用方法 connect，需要检查 3、11、6、8(11、6 检查过)，先检查邮票 3，待检查邮票为 8、1、3；

9）邮票 3 没有检查过、没选中，vis［3］=-1。先检查邮票 8，待检查邮票为 1、3；

10）邮票 8 没有检查过、没选中，vis［8］=-1。邮票 1、3 已检查过；

11）统计标注为 1 的邮票正好为 5 张，所以是合理剪取。共检查了 10 张邮票，依次是 2-6-10-9-11-5-1-7-3-8。

对于图 9-11 的检查过程：

1）从第一张选取的邮票 1 开始检查，vis［1］=1，检查上下左右的邮票是否标注过、选中，1 上面左边没有邮票，因此分别检查 5、2，先检查邮票 5，待检查邮票为 2；

2）邮票 5 没有检查过、没选中，vis［5］=-1，检查邮票 2；

3）邮票 2 没有检查过、选中，vis［2］=1，则从当前邮票 2 递归调用方法 connect，需要检查 6、1、3（1 已检查过），先检查邮票 6，待检查邮票为 3；

4）邮票 6 没有检查过、没选中，vis［6］=-1，检查 3；

5）邮票 3 没有检查过、选中，vis［3］=1，则从当前邮票 3 递归调用方法 connect，需要检查 7、2、4（2 已检查过），先检查邮票 7，待检查邮票为 4；

6）邮票 7 没有检查过、没选中，vis［7］=-1，检查 4；

7）邮票 4 没有检查过、没选中，vis［4］=-1；

8）统计标注为 1 的邮票数为 3，所以是不合理剪取。共检查了 7 张邮票，依次是 1-5-2-6-3-7-4。

b　程序实现

```
1   #include <stdio. h>                                    //c9_3_2
2   #include <math. h>
3   #include <string. h>
4   int x[4]={-1, 1, 0, 0};
5   int y[4]={0, 0, -1, 1};                                //分别表示上下左右
6   int a[6]={0};                                          //选中的邮票
7   int vis[13];
8   int n=0;                                               //方案数
9   bool include(int num)                                  //判断 num 是否在已选中的邮票中
10  {
11    for(int k=1;k<=5;k++)
12      if(a[k]==num)
13        return true;
14    return false;
15  }
16  void connect(int i, int j)                             //从(i, j)开始检查邮票相连情况
17  { int k;
18    for(k=0;k<4;k++)                                     //上下左右四个方向检查
19    {
20      int ni=i+x[k];
21      int nj=j+y[k];
22      int num=(ni-1)*4+nj;                               //位置(ni, nj)上的数
23      if(ni>0&&nj>0&&ni<4&&nj<5&&! vis[num])             //在格子里且没访问过
24      {
25        if(include(num))                                 //选中
26        {
27          vis[num]=1;                                    //位置(ni, nj)上的数字 num 选中
28          connect(ni, nj);                               //递归,从(ni, nj)继续找相连的数字
29        }
30        else
31          vis[num]=-1;                                   //位置(ni, nj)上的数字 num 没选中
32      }
33    }
34  }
35  int judge()                                            //判断选中的邮票是否相连
36  {
37    memset(vis, 0, sizeof(vis));                         //初始化函数,头函数 string. h 或 memory. h
38    int i=(a[1]-1)/4+1;
39    int j=(a[1]-1)%4+1;                                  //第一张邮票的位置,i 为行,j 为列
40    vis[a[1]]=1;
41    connect(i, j);                                       //从(i, j)开始检查邮票相连情况, 相连的数字 vis 设为1
42    int sum=0;                                           //以下统计相连数字的个数
43    for(int k=1;k<=12;k++)
44      if(vis[k]==1)
45        sum++;
46    if(sum==5)                                           //5 张相连
47      return 1;
48    else
49      return 0;
```

```
50  }
51  void choose( int i, int j)                    //检查第 i 张邮票,已选好 j-1 张
52  {
53    if( i>13)                                   //已检查完所有的邮票
54      return;
55    if( j==6)                                   //正好选够 5 张
56    {
57      if( judge( ) )                            //判断是否相连
58      {
59        n++;                                    //方案数
60        for( int k=1;k<=5;k++)                  //打印出相邻的邮票编号
61          printf( "%d ", a[k]);
62        printf( "\n");
63      }
64      return;
65    }
66    a[j]=i;                                     //选第 i 张邮票
67    choose( i+1, j+1);                          //检查邮票 i+1 选第 j+1 张邮票
68    choose( i+1, j);                            //检查邮票 i+1 选第 j 张邮票
69  }
70  void main( )
71  { //递归调用,第 1 个参数是检查邮票编号,第 2 个参数表示准备选第 1 张邮票
72    choose( 1, 1);                              //从检查第 1 张邮票,选对第 1 张邮票
73    printf( "%d\n", n);                         //打印方案数
74  }
```

子函数 include 检查邮票是否已被选中。

子函数 connect 从（i，j）开始检查邮票相连情况，当相邻邮票（ni，nj）没检查过，且选中时，需递归从（ni，nj）开始，检查邮票相连情况，第 28 行进行了递归调用。

子函数 judge 判断选中的邮票是否相连，第 37 行 memset 函数是初始化函数，作用是将某一块内存中的内容全部设置为指定的值，其原型是 extern void * memset( void * buffer, int c, int count)，buffer 为指针或是数组，c 是赋给 buffer 的值，count 是 buffer 的长度，语句 memset( vis, 0, sizeof( vis))；将数组 vis 初始化为 0。第 41 行调用子函数 connect，从（i，j）开始，检查邮票相连情况，然后统计相连的邮票张数，若为 5 则为合理剪取。

子函数 choose 用于从 12 张邮票中选择 5 张邮票，使用递归方法实现，在程序第 67、68 行进行递归调用。

主函数从第 1 张邮票开始检查，并打印出总的方案数。

c　程序运行结果

1 2 3 4 5

……

8 9 10 11 12

116

验证结果符合题目要求。

d　时间复杂度分析

本程序使用递归 choose 选择邮票，通过参数 j 控制，仅选择 5 张邮票，共 792 种情况，在检查相连时采用深度搜索，只有三行四列，深度有限。

e 空间复杂度分析

本程序设置4个一维数组，复杂度为 O(n)。

B 解法2（回溯法选取邮票、深搜检查相连2）

a 算法设计

（1）模型（解题思路）：本解法思路与解法1相同，但本解法使用迭代回溯选取邮票，从（i，j）开始，检查邮票相连情况，connect采用深度优先搜索。

（2）迭代回溯选取邮票，用数组 a[i]（0<i<6）表示取的邮票号。

1）初值 begin：1（从第一张邮票开始）。

2）终值 end：5（共取5张）。

3）取值点 from：不能取相同的邮票，不妨设 $1 \leqslant a[1] < a[2] < a[3] < a[4] < a[5] \leqslant 12$，当前邮票从上一张取的邮票的下一张开始取：a[i-1]+1。

4）回溯点 back：

第1张邮票，后面还要取4张，第1张邮票可以从1取到8(7+1)。

第2张邮票从 a[1]+1 开始取，后面还有3张，所以第2张邮票最后能取到9(7+2)。

取第i张邮票，后面还需要取5-i张，所以第i张邮票编号最多能取到12-(5-i)=7+i。

5）剪枝约束条件：无。

6）终止约束条件：i=5。

7）输出约束条件：相邻。

（3）从（i，j）开始检查邮票相连情况 connect。

1）计算（i，j）的邮票编号 num=(i-1)*4+j。

2）如果（i，j）没有检查过，检查（i，j）是否选中：

①如果选中：

标注数组 vis 值为1（初始时全为0）；

connect(i-1，j)；//检查其上面邮票；

connect(i+1，j)；// 检查其下面邮票；

connect(i，j-1)；// 检查其左边邮票；

connect(i，j+1)；// 检查其右边邮票；

②如果没有选中，标注数组 vis 值为-1。

3）确定边界条件：坐标超出范围（i=0 或 j=0 或 i=4 或 j=5）。

b 程序实现

```
1  #include <stdio. h>              //c9_3_3
2  #include <math. h>
3  #include <string. h>
4  #define begin 1                  //初值
5  #define end 5                    //终值
6  #define from a[i-1]+1            //取值点，从哪张邮票取起
7  #define back 7+i                 //回溯点，最多取到哪张邮票
8  int a[6] = {0};                  //选中的邮票
9  int vis[13];
10 bool include( int num)           //判断 num 是否在已选中的邮票中
11 {
```

```
12    for( int k=1;k<=5;k++)
13      if( a[ k]==num)
14        return true;
15    return false;
16  }
17
18  void connect( int i, int j)              //从(i,j)开始,检查邮票相连情况
19  {
20    if( i==0||j==0||i==4||j==5)
21      return;
22    int num=(i-1)*4+j;
23    if( !vis[ num])
24    {
25      if( include( num))
26      {
27        vis[ num]=1;                        //位置(i,j)上的数字 num 选中
28        connect( i-1, j);                   //上
29        connect( i+1, j);                   //下
30        connect( i, j-1);                   //左
31        connect( i, j+1);                   //右
32      }
33      else
34        vis[ num]=-1;                       //位置(i,j)上的数字 num 没选中
35    }
36  }
37  int judge( )
38  {
39    memset( vis, 0, sizeof( vis));          //初始化函数
40    int i=(a[1]-1)/4+1;
41    int j=(a[1]-1)%4+1;                     //第一张邮票的位置,i 为行,j 为列
42    connect( i, j);                         //从(i,j)开始,检查邮票相连情况, 相连的数字 vis 设为1
43    int sum=0;                              //以下统计相连数字的个数
44    for( int k=1;k<=12;k++)
45      if( vis[ k]==1)
46        sum++;
47    if( sum==5)
48      return 1;
49    else
50      return 0;
51  }
52  void main( )
53  {  int i, n=0, g;
54    i=begin;                               //初值
55    a[ i]=from;                            //取值点
56    while( 1)
57    {
58      g=1;
59      if( g && i==end)                     //终止结束条件
60      {
61        if( judge( ))                      //输出约束条件:相邻
62        {
```

```
63          n++;
64          for( int k=1;k<=5;k++)          //打印出相邻的邮票编号
65            printf("%d ", a[k]);
66          printf(" \n");
67        }
68      }
69      if( i<end && g)
70      {
71        i++;
72        a[i]=from;                        //取值点
73        continue;
74      }
75      while( a[i]==back && i>begin)
76        i--;                              //迭代回溯
77      if( a[i]==back && i==begin)
78        break;
79      else
80        a[i]=a[i]+1;
81    }
82    printf("%d\n", n);
83 }
```

主函数使用迭代回溯法从 12 张邮票中选择 5 张邮票，并打印出总的方案数。

程序第 4~7 行设初值、终值、取值点和回溯点；第 59 行是终止约束条件；第 61 行为输出约束条件；程序第 76 行迭代回溯。

子函数 include 检查邮票是否已被选中，同解法 1。

子函数 connect 从（i，j）开始，检查邮票相连情况，如果（i，j）没检查过，且选中时，递回调用，第 28~31 行进行了递归调用。本例子函数 connect 比解法 1 子函数 connect 容易理解。

子函数 judge 判断选中的邮票是否相连，与解法 1 基本相同，只是在第 42 行调用子函数 connect 前，没有置其选中。

c  时间复杂度分析

本程序使用迭代回溯选择邮票，只要设置好参数，可以直接使用迭代回溯框架，共 792 种情况，在检查相连时采用深度搜索，检查过程与解法 1 相同。

d  空间复杂度分析

本程序设置 2 个一维数组，复杂度为 O(n)。

C  解法 3（枚举选取邮票、宽搜检查相连）

a  算法设计

（1）模型（解题思路）：本解法思路与解法 1、2 相同，但本解法使用枚举法选取邮票，从（i，j）开始，检查邮票相连情况，connect 采用宽度优先搜索。

（2）枚举选取邮票：邮票有两种可能，要么取，要么不取，枚举 12 张邮票的取法，选出正好取 5 张的情况。

1）枚举框架：简单区间枚举。

2）枚举区间：$[0 \sim 2^{12})$，步长 1。

3）约束条件：

①正好 5 个 1;

②相邻。

（3）从（i，j）开始，检查邮票相连情况 connect：使用队列存储待分析的邮票编号，调用子函数 connect 前第一张选取的邮票已入队，vis 置选中。

1）只要队列非空，取队头元素分析;

2）计算队头元素坐标，出队;

3）下一步取值：ni＝i+x[k]

　　　　　　　　nj＝j+y[k]　　　　　0，…，3，分别表示 4 个方向。

如果（ni，nj）上的数 num 没检查过，则检查 num 是否选中。

①如果选中：置选中，入队;

②如果没选中：置没有选中。

对于图 9-10（a）的检查过程：

1）从第一张选取的邮票 2 开始检查，vis[2]＝1，入队，队列中元素：2。

2）队列非空，取队头元素 2。

3）计算元素 2 坐标，i＝1，j＝2，出队，队列空。

4）检查 2 上下左右四个方向邮票 6、1、3（2 上面没有邮票）：

①邮票 6 没有检查过、选中，vis[6]＝1，入队，队列中元素：6;

②邮票 1 没有检查过、没选中，vis[1]＝−1，队列中元素：6;

③邮票 3 没有检查过、没选中，vis[3]＝−1，队列中元素：6。

5）队列非空，取队头元素 6。

6）计算邮票 6 坐标，i＝2，j＝2，出队，队列空。

7）检查邮票 6 上下左右四个方向邮票 2、10、5、7（2 已检查过）：

①邮票 10 没有检查过、选中，vis[10]＝1，入队，队列中元素：10;

②邮票 5 没有检查过、选中，vis[5]＝1，入队，队列中元素：10、5;

③邮票 7 没有检查过、选中，vis[7]＝1，入队，队列中元素：10、5、7。

8）队列非空，取队头元素 10。

9）计算邮票 10 坐标，i＝3，j＝2，出队，队列中元素：5、7。

10）检查邮票 10 上下左右四个方向邮票 6、9、11（6 已检查过，10 下面没有邮票）：

①邮票 9 没有检查过、没选中，vis[9]＝−1，队列中元素：5、7;

②邮票 11 没有检查过、没选中，vis[11]＝−1，队列中元素：5、7。

11）队列非空，取队头元素 5。

12）计算邮票 5 坐标，i＝2，j＝1，出队，队列中元素：7。

13）检查邮票 5 上下左右四个方向邮票 1、9、6（1、6、9 已检查过）。

14）队列非空，取队头元素 7。

15）计算邮票 7 坐标，i＝2，j＝3，出队，队列空。

16）检查邮票 7 上下左右四个方向邮票 3、11、6、8（3、11、6 已检查过）；邮票 8 没有检查过、没选中，vis[8]＝−1，队列空。

17）队列空，检查结束。

18）统计标注为 1 的邮票正好为 5，所以是合理剪取。共检查了 10 张邮票，依次是

2-6-1-3-10-5-7-9-11-8，深搜检查顺序是 2-6-10-9-11-5-1-7-3-8，两种方法检查邮票张数一致，但顺序不同。

对于图 9-11 的检查过程：

1）从第一张选取的邮票 1 开始检查，vis[1]=1，入队，队列中元素：1。

2）队列非空，取队头元素 1。

3）计算元素 1 坐标，i=1，j=1，出队，队列空。

4）检查邮票 1 上下左右四个方向邮票 5、2（1 上面、左边没有邮票）：

①邮票 5 没有检查过、选中，vis[5]=-1，队列空；

②邮票 2 没有检查过、选中，vis[2]=1，队列中元素：2。

5）队列非空，取队头元素 2。

6）计算邮票 2 坐标，i=1，j=2，出队，队列空。

7）检查邮票 2 上下左右四个方向邮票 6、1、3（2 上面没有邮票、1 已检查过）：

①邮票 6 没有检查过、没选中，vis[6]=-1，队列空；

②邮票 3 没有检查过、选中，vis[3]=1，入队，队列中元素：3。

8）队列非空，取队头元素 3。

9）计算邮票 3 坐标，i=1，j=3，出队，队列空。

10）检查邮票 3 上下左右四个方向邮票 7、2、4（2 已检查过，3 上面没有邮票）：

①邮票 7 没有检查过、没选中，vis[7]=-1，队列空；

②邮票 4 没有检查过、没选中，vis[4]=-1，队列空。

11）队列空，检查结束。

12）统计标注为 1 的邮票为 3，是不合理剪取。共检查了 7 张邮票，依次是 1-5-2-6-3-7-4，深搜检查顺序是 1-5-2-6-3-7-4，两种方法检查邮票张数一致，此例队列中最多只有 1 个元素，检查顺序恰好一致。

b　程序实现

```
1   #include <stdio. h>                    //c9_3_4
2   #include <math. h>
3   #include <string. h>
4   #include <queue>
5   using namespace std;
6   int x[4]={-1, 1, 0, 0};
7   int y[4]={0, 0, -1, 1};                //分别上下左右
8   int a[6]={0};                          //选中的邮票
9   int vis[13];
10  queue<int> q;
11  bool include( int num)                 //判断 num 是否在已选中的邮票中
12  {
13      for( int k=1;k<=5;k++)
14          if( a[k]==num)
15              return true;
16      return false;
17  }
18  void connect( int i, int j)            //从(i, j)开始,检查邮票相连情况
19  {
```

```
20    while( !q. empty( ))                    //队列不空
21    {
22      int num = q. front( );                //取队头元素
23      i = (num-1)/4+1;
24      j = (num-1)%4+1;                       //求出其坐标
25      q. pop( );                             //队头元素出队
26      int k;
27      for(k=0;k<4;k++)                       //上下左右四个方向检查
28      {
29        int ni = i+x[k];
30        int nj = j+y[k];
31        num = (ni-1) * 4+nj;                 //位置(ni, nj)上的数
32        if(ni>0&&nj>0&&ni<4&&nj<5&&!vis[num])
33        {
34          if(include(num))
35          { vis[num] = 1;                    //位置(ni, nj)上的数字 num 选中
36            q. push(num);                    //入队
37          }
38          else
39            vis[num] = -1;                   //位置(ni, nj)上的数字 num 没选中
40        }
41      }
42    }
43 }
44 int judge( )                               //判断选中的邮票是否相连
45 {
46    memset(vis, 0, sizeof(vis));            //初始化函数
47    int i = (a[1]-1)/4+1;
48    int j = (a[1]-1)%4+1;                   //第一张邮票的位置,i 为行,j 为列
49    vis[a[1]] = 1;
50    q. push(a[1]);                          //入队
51    connect(i, j);                          //从(i, j)开始,检查邮票相连情况, 相连的数字 vis 设为 1
52    int sum = 0;                            //以下统计相连数字的个数
53    for(int k=1;k<=12;k++)
54      if(vis[k] == 1)
55        sum++;
56    if(sum == 5)
57      return 1;
58    else
59      return 0;
60 }
61 int check(int i, int j)
62 {                                          //检查 i 的二进制数有几个 1, 小于等于 5 直接输出, 大于的输出 6
63    int n1=0, k=1, u=1;
64    while(i>0)
65    {
66      if(i%2 == 1)
67      { n1++;                               //记录 1 的个数
68        a[k++] = u;                         //记录选的编号
69      }
70      u++;
```

```
71        if(n1>j)
72          break;
73        i=i/2;
74    }
75    return n1;
76 }
77 void main()
78 {
79    int n1,n=0;
80    for(int i=0;i<pow(2,12);i++)        //枚举法
81    {
82      n1=check(i,5);                     //检查i的二进制数有几个1,小于等于5直接输出,大于的输出6
83      if(n1==5&&judge())                //正好5个1且相连
84      {
85        n++;                             //方案数
86        for(int k=1;k<=5;k++)            //打印出相邻的邮票编号
87          printf("%d ",a[k]);
88        printf("\n");
89      }
90    }
91    printf("%d\n",n);
92 }
```

程序第 10 行申明了一个队列 q，queue 类提供了一个先进先出的数据结构队列，在头文件<queue>中有以下几个成员函数，见表 9-5。

表 9-5　成员函数

| q.empty() | 判断队列 q 是否为空，当队列 q 空时，返回 true；否则为 false(值为 0(false)/1(true)) |
| --- | --- |
| q.size() | 访问队列 q 中的元素个数 |
| q.push(a) | 会将一个元素 a 置入队列 q 中 |
| q.front() | 返回队列 q 内的第一个元素（也就是第一个被置入的元素） |
| q.back() | 返回队列 q 中最后一个元素（也就是最后被插入的元素） |
| q.pop() | 从队列 q 中移除第一个元素 |

注意：pop() 虽然会移除下一个元素，但是并不返回它，front() 和 back() 返回下一个元素但并不移除该元素。

子函数 include 与前两个解法相同。

子函数 connect 从 (i，j) 开始，检查邮票相连情况，方法与解法 1 类似，当邮票没有检查过、选中时，将其入队，第 20 行只要队列非空就进入循环，第 22 行取队头元素，第 25 行队头元素出队，第 36 行元素 num 入队。

子函数 judge 判断选中的邮票是否相连，方法同解法 1，只是第 50 行在调用子函数 connect 前要先选将第一张邮票编号入队。

子函数 check 检查二进制数有几个 1（1 即为对应邮票选中），并将选中邮票存储在数组 a 中。

主函数第 80～90 行枚举所有邮票选取情况，第 83 行"n1==5&&judge()"是约束

条件。

　　c　时间复杂度分析

本例主函数需循环 $2^{12}$ 次。

　　d　空间复杂度分析

本程序设置了 4 个一维数组，复杂度数量级为 O(n)。

9.3.2.3　邮票问题小结

本小节给出了选取邮票的三种方法和检查相连的三种方法，通过学习，读者需掌握图的深度搜索和宽度搜索两种算法。

# 9.4　其他问题求解（贪吃蛇游戏）

## 9.4.1　问题描述

小明玩贪吃蛇游戏，蛇越长，得分越高。图 9-12 所示是游戏界面，图中 H 表示蛇头，T 表示蛇尾。#表示蛇的身体，@ 表示身体交叉重叠的地方，请计算当前贪吃蛇的长度。

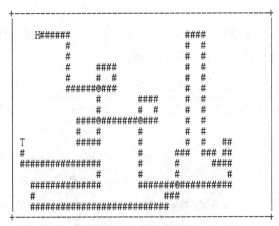

图 9-12　贪吃蛇游戏

## 9.4.2　解法

9.4.2.1　算法思想

图存储在文本文件中，遍历文件中的每一个字符，如果是 H、T、#，蛇长加 1，如果是@，则蛇长加 2。

9.4.2.2　算法设计

（1）已知条件：蛇图像，用文本文件存储。

（2）输出：蛇长 length。

（3）算法：枚举（简单区间枚举）。

（4）枚举区间：所有字符。

（5）约束条件：字符是不是蛇身。

### 9.4.2.3  程序实现

```
1   #include <stdio.h>                              //c9_4_1
2   #define N 10000
3   char c[N];
4   int n;                                          //字符数
5   void input()                                    //读入数据
6   {
7       FILE *fp;
8       fp=fopen("snake.txt","r");                  //打开文件
9       c[1]=fgetc(fp);
10      n=2;
11      while(!feof(fp))
12      {
13          c[n++]=fgetc(fp);
14      }
15  }
16  void main()
17  {
18      int i,length=0;
19      input();                                    //读入数据
20      for(i=1;i<n;i++)
21      {
22          if(c[i]=='@')
23              length=length+2;
24          if(c[i]=='#'||c[i]=='H'||c[i]=='T')
25              length++;
26      }
27      printf("%d\n",length);
28  }
```

子函数 input 从文件中读入数据，主函数第 20~26 行遍历每一个字符，第 22 行和第 24 行是约束条件。

### 9.4.2.4  验证方法

当蛇身太长时，无法人工数，可采用 Word 或其他工具验证。以下以 Word 为例。如图 9-13 所示右击图像文件 snake.txt—打开方式—Microsoft Office Word。

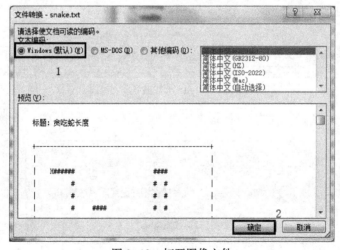

图 9-13  打开图像文件

同时按下 Ctrl+H，按图 9-14 所示查找替换'#'→'＊'。

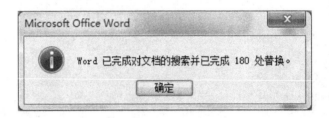

图 9-14　替换#

结果如图 9-15 所示，共有 180 处'#'。

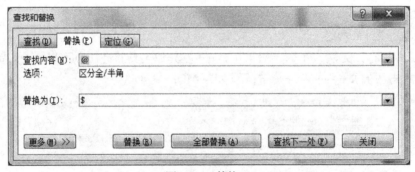

图 9-15　180 个#

如图 9-16 所示替换'@'→'$'。

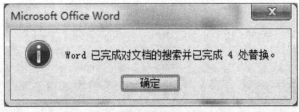

图 9-16　替换@

结果如图 9-17 所示，共有 4 处'@'。

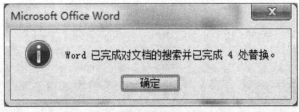

图 9-17　4 个@

因此蛇长 = 1+180+4 * 2+1 = 190，前面 1 表示蛇头，后面 1 表示蛇尾，4 个 @，重叠，乘以 2。

9.4.2.5　时间复杂度分析

程序复杂程序与字符数成正比，数量级为 O(n)。

9.4.2.6　空间复杂度分析

程序设置了一个一维数组，数量级为 O(n)。

### 9.4.3　贪吃蛇游戏小结

通过本例，要学会两点：

（1）文件的输入输出。本例中为了描述文件输入，设计了子函数 input 及数组 c，有时编程可以一边读入一边判断，不用存储字符。

（2）使用 Word 等其他工具验证。

# 9.5　小　　结

本章介绍了算法在时间问题、树、图等问题中的应用。

# 9.6　习题 9

（1）填空题：

1）代码填空：求两个日期间的天数，先求每个日期离 1 年 1 月 1 日天数的差值，再进一步做差。

```
struct MyDate
{
  int year;
  int month;
  int day;
};
int GetAbsDays(MyDate x) //日期距离 1 年 1 月 1 日天数的差值
{
  int i;
  int month_day[] = {31, 28, 31, 30, 31, 30, 31, 31, 30, 31, 30, 31};
  int year = x.year−1;
  int days = year * 365+year/4−year/100+year/400;
  if(x.year%4 == 0&&x.year%100! = 0||x.year%400 == 0)
    month_day[1]++;
  for(i=0;i<_____;i++)
    days+=month_day[i];
  days+=x.day−1;
  return days;
}
int GetDiffDays(MyDate a, MyDate b)
{
  return GetAbsDays(b)−GetAbsDays(a);
```

```
}
int main( )
{
  MyDate a = { 1942, 5, 18 } ;
  MyDate b = { 2000, 3, 13 } ;
  int n = GetDiffDays(a, b) ;
  printf("%d\n", n) ;
  return 0;
}
```

    2）小明出生于 2002 年 8 月 27 日（第一天），他于 2020 年 9 月 1 日进入大学学习，请问这是他生命中的第_____天。

    （2）问答题：

    1）如何判定闰年？

    2）什么是图的遍历，有哪些方法？

# 附录 A 部分示例的其他解法

## A.1 数式的其他解法

把 0~9 这 10 个数字分别填入算式 (□□□□-□□□□)×□□=900 中，使得算式成立，注意 0 不能作为某个数的首位。

### A.1.1 递归回溯（框架1）

**A.1.1.1 算法思想**

对算式中的每个小方块用数组元素 a[i] 表示（i：0~9）。

**A.1.1.2 算法设计**

（1）初值：1。

（2）取值：0~9。

（3）终止约束条件：k>10。

（4）输出约束条件：1) a[1]≠0 且 a[5]≠0 且 a[9]≠0;

2) 满足数式。

**A.1.1.3 程序实现**

```
1   #include <stdio. h>                    //cA_1_1
2   int a[11];
3   int vis[11];
4   void backtrack (int k)                 //查第 k 空
5   {
6      int i;
7      if(k>10)
8      {
9        if(a[1]!=0 &&a[5]!=0&&a[9]!=0&&
10  ((a[1]-a[5]) * 1000+(a[2]-a[6]) * 100+(a[3]-a[7]) * 10+a[4]-a[8]) * (a[9] * 10+a[10])= =900)
11       {
12         for(i=1;i<=10;i++)
13           printf(" %d ", a[i]);
14         printf(" \n");
15       }
16     }
17     else
18       for(i=0;i<=9;i++)
19       {
20         if(vis[i]= =0)                   //数字 i 是否用过
21         {
22           a[k]=i;
23           vis[i]=1;
24           backtrack (k+1);              //递归
25           vis[i]=0;                     //回溯
26         }
27       }
```

```
28 }
29 void main( )
30 {
31     backtrack (1);                          //深度遍历
32 }
```

程序调用子函数 backtrack 进行深度遍历，第 24 行递归实现，第 25 行实现回溯，第 31 行参数 1 是初值，第 18 行取值范围为 0~9，第 7 行为终止约束条件：i>10，第 9、10 行为输出约束条件，数组 vis 用于设置保存数字是否用过。

### A.1.1.4  时间复杂度分析

回溯法在搜索过程中动态产生问题的解空间。本程序解是 0~9 的某个排列，时间复杂度为 O(10!)。回溯法实质上也是遍历，但可以根据剪枝约束条件实现提前剪枝，提高遍历速度。

### A.1.1.5  空间复杂度分析

程序设置了 2 个一维数组，复杂度为 O(n)。

### A.1.2  迭代回溯（框架 3）

### A.1.2.1  算法思想

对算式中的每个小方块用数组元素 a[i] 表示（i：1~10）。

### A.1.2.2  算法设计

(1) 初值 begin：1。

(2) 终值 end：10。

(3) 取值点 from：0。

(4) 回溯点 back：9。

(5) 剪枝约束条件：a[1]=0 或 a[5]=0 或 a[9]=0；
                        任意两块数字相同。

(6) 终止约束条件：i=10。

(7) 输出约束条件：满足数式。

### A.1.2.3  程序实现

```
1   #include <stdio. h>                          //cA_1_2
2   #include <math. h>
3   #define begin 1                              //初值
4   #define end 10                               //终值
5   #define from 0                               //取值点
6   #define back 9                               //回溯点
7   void main( )
8   { int i, u, g, a[30];
9     i=begin;                                   //初值
10    a[i]=from;                                 //取值点
11    while(1)
12    {
13      g=1;
14      if((i==1||i==5||i==9)&&a[i]==0)          //剪枝约束条件
15        g=0;
16      for(u=1;g&&u<i;u++)
17        if(a[u]==a[i])                         //剪枝约束条件
```

```
18          g=0;
19      if( g && i= =end)                              //终止结束条件
20      {   if(((a[1]-a[5]) * 1000+(a[2]-a[6]) * 100+(a[3]-a[7]) * 10+a[4]-a[8]) * (a[9] * 10+a[10]))= =
        900)
21          {  for( u=1;u<=10;u++)
22              printf(" %4d", a[u]);
23          printf(" \n") ;
24          }
25      }
26      if( i<end && g)
27      {
28          i++;
29          a[i]=from;                                //取值点
30          continue;
31      }
32      while( a[i]= =back && i>begin)
33          i--;                                      //迭代回溯
34      if( a[i]= =back && i= =begin)
35          break;
36      else
37          a[i]=a[i]+1;
38      }
39  }
```

程序第 3~6 行宏定义；程序第 14 和 17 行是剪枝约束条件，满足条件的提前剪枝；第 19 行是终止约束条件；第 20 行为输出约束条件；程序第 33 行迭代回溯。

A.1.2.4　时间复杂度分析

回溯法在搜索过程中动态产生问题的解空间。本程序解是 0~9 的某个排列，时间复杂度为 $O(10!)$。

A.1.2.5　空间复杂度分析

程序设置了 1 个一维数组，复杂度为 $O(n)$。

## A.2　数阵的其他解法 (递归)

设计一个用于填充 n 阶上三角阵的程序。填充的规则是：使用 1，2，3，4，…的自然数列，从左上角开始，按照顺时针方向螺旋填充。当 n=8 时输出，如图 A-1 所示。

```
 1   2   3   4   5   6   7   8
21  22  23  24  25  26   9
20  33  34  35  27  10
19  32  36  28  11
18  31  29  12
17  30  13
16  14
15
```

图 A-1　8 阶上三角阵

要求格式：每个数据宽度为 4，右对齐。

### A.2.1　算法思想

用二维数组元素 a[i][j] 存放上三角阵（i、j 分别为行号和列号），从最外层开始，向里填充。

### A.2.2　算法设计

（1）已知条件：上三角阵阶数 n。

（2）输出：上三角阵。

（3）描述递归关系：n=8 阶上三角阵，共需填 8×(8+1)/2=36 个数。

最外圈第 1 圈，从 1 开始填充，阶数为 n，填充了 3(n−1)=21 个数。

第 2 圈，阶数 n=n−3=5，填充了 3(n−1)=12 个数。

第 3 圈，阶数 n=n−3=2，填充了 3(n−1)=3 个数。

n=n−3=−1，不再填。

n=7 阶上三角阵，共需填 7×(7+1)/2=28 个数。

最外圈第 1 圈，从 1 开始填充，阶数为 n，填充了 3(n−1)=18 个数。

第 2 圈，阶数 n=n−3=4，填充了 3(n−1)=9 个数。

第 3 圈，阶数 n=n−3=1，直接填充第 28 个数。

设递归函数 fill(i, n)（i 表示圈数，n 表示阶数），用于实现从第 i 圈开始填充 n 阶上三角阵，方法如下：

1）填充最外圈第 i 圈；

2）递归调用 fill(i+1, n−3)。

（4）确定边界条件：

1）当阶数 n≤0 时，结束填充。

2）当阶数 n=1 时，直接填充 a[i][i]。

### A.2.3　程序实现

```
1   #include <stdio.h>                          //cA_2_1
2   #define N 20
3   int a[N][N], m=1;
4   void fill(int i, int n)
5   {
6     int u=i, v=i, j;                          //横坐标u,列坐标v,j用于计数
7     if(n<=0)
8       return;
9     if(n==1)
10      a[i][i]=m;
11    for(j=1;j<=n-1;j++)                       //从左到右填充
12      a[u][v++]=m++;
13    for(j=1;j<=n-1;j++)                       //从右上到左下填充
14      a[u++][v--]=m++;                        //观察斜线关系
15    for(j=1;j<=n-1;j++)                       //从下向上填充
16      a[u--][v]=m++;
17    fill(i+1, n-3);
18  }
19  void main()
20  {
21    int i, j, n;
22    scanf("%d", &n);                          //输入阶数
```

```
23    fill (1, n);                              //填充
24    for(i=1;i<=n;i++)
25    {
26      for(j=1;j<=n-i+1;j++)                    //打印
27      {
28        printf("%4d", a[i][j]);
29      }
30      printf("\n");
31    }
32 }
```

子函数 fill 第 7~10 行是边界条件；第 11~16 行分别实现从左到右、从右上到左下、从下到上填充，每个方向填充 n-1 个数，坐标 u、v 做相应变化；第 17 行递归调用子函数 fill，圈数 i 加 1，阶数 n 减 3。

主函数第 23 行调用子函数 fill。

### A.2.4　时间复杂度分析

本程序的时间复杂度数量级为 $O(n^2)$。

### A.2.5　空间复杂度分析

本程序设置了二维数组 a，复杂度为 $O(N^2)$。

## A.3　猴子吃桃的递归解法

有一只小猴子从树上摘了若干个桃子，当即吃了一半，还不过瘾，又多吃了一个。第 2 天早上，又将剩下的桃子吃了一半，又多吃了一个。以后每天早上都吃了前一天剩下的一半后又多吃了 1 个。到第 n 天早上想再吃时，只剩下 1 个了。求第 1 天共摘了多少个桃子。

### A.3.1　算法设计

(1) 已知条件：天数 n。

(2) 输出：第　天的桃子数。

(3) 描述递归关系：猴子每天早上都吃了前一天剩下的一半后又多吃了 1 个，可以由当天吃之前的桃子数推出前一天的桃子数。

$$peach(k) = 2[peach(k+1)+1] \qquad (n>k\geqslant 1) \qquad (A-1)$$

递归函数 peach(k)(k 表示天数)，用于求第 k 天的桃子数。

(4) 确定边界条件：peach(n) = 1。

### A.3.2　程序实现

```
1  #include <stdio.h>               //cA_3_1
2  int n;
3  __int64 peach(int k)
4  {
5    if(k==n)                       //边界条件
6      return 1;
7    else
8      return 2*(peach(k+1)+1);     //递归关系
9  }
10
11 int main()
12 {
13   scanf("%d", &n);               //输入天数 n
14   printf("%I64d\n", peach(1));
15   return 0;
16 }
```

子函数 peach 中第 5 行是边界条件；第 8 行递归计算第 k 天的桃子数；主函数第 14 行调用子函数 peach。

### A.3.3　时间复杂度分析

本程序的时间复杂度数量级为 $O(n)$。

### A.3.4　空间复杂度分析

本程序设置了 2 个简单变量，但由于采用递归，需要使用栈。

## 参 考 文 献

[1] 谭浩强 . C 程序设计 ［M］. 5 版 . 北京：清华大学出版社，2017.

[2] 张海藩，牟永敏 . 软件工程导论 ［M］. 6 版 . 北京：清华大学出版社出版，2013.

[3] 杨克昌 . 计算机常用算法与程序设计案例教程 ［M］. 2 版 . 北京：清华大学出版社，2015.

[4] 王晓东 . 算法设计与分析 ［M］. 4 版 . 北京：清华大学出版社，2018.

[5] 王红梅，胡明 . 算法设计与分析 ［M］. 2 版 . 北京：清华大学出版社，2013.

[6] 黄丽韶，吕兰兰，黄隆华 . 算法设计与分析 ［M］. 上海：上海交通大学出版社，2018.

[7] 陈业钢 . 计算机算法基础 ［M］. 成都：西南交通大学出版社，2015.

[8] 殷建平，徐云，等 . 算法导论 ［M］. 3 版 . 北京：机械工业出版社，2013.

[9] 梁田贵，张鹏 . 算法设计与分析 ［M］. 北京：冶金工业出版社，2004.

[10] 宋文，吴晟 . 算法设计与分析 ［M］. 重庆：重庆大学出版社，2001.

# 冶金工业出版社部分图书推荐

| 书　名 | 作　者 | 定价(元) |
|---|---|---|
| Micro850 PLC、变频器及触摸屏综合应用技术 | 姜　磊 | 49.00 |
| 实用电工技术 | 邓玉娟　祝惠一<br>徐建亮　李东方 | 49.00 |
| Python 程序设计基础项目化教程 | 邱鹏瑞　王　旭 | 39.00 |
| 计算机算法 | 刘汉英 | 39.90 |
| SuperMap 城镇土地调查数据库系统教程 | 陆妍玲　李景文　刘立龙 | 32.00 |
| 自动检测和过程控制（第 5 版） | 刘玉长　黄学章　宋彦坡 | 59.00 |
| 智能生产线技术及应用 | 尹凌鹏　刘俊杰　李雨健 | 49.00 |
| 机械制图 | 孙如军　李　泽<br>孙　莉　张维友 | 49.00 |
| SolidWorks 实用教程 30 例 | 陈智琴 | 29.00 |
| 机械工程安装与管理——BIM 技术应用 | 邓祥伟　张德操 | 39.00 |
| 电气控制与 PLC 应用技术 | 郝　冰　杨　艳　赵国华 | 49.00 |
| 智能控制理论与应用 | 李鸿儒　尤富强 | 69.90 |
| Java 程序设计实例教程 | 毛　弋　夏先玉 | 48.00 |
| 虚拟现实技术及应用 | 杨　庆　陈　钧 | 49.90 |
| 电机与电气控制技术项目式教程 | 陈　伟 | 39.80 |
| 电力电子技术项目式教程 | 张诗淋　杨　悦<br>李　鹤　赵新亚 | 49.90 |
| 电子线路 CAD 项目化教程——基于 Altium Designer 20 平台 | 刘旭飞　刘金亭 | 59.00 |
| 5G 基站建设与维护 | 龚猷龙　徐栋梁 | 59.00 |
| 自动控制原理及应用项目式教程 | 汪　勤 | 39.80 |
| 传感器技术与应用项目式教程 | 牛百齐 | 59.00 |
| C 语言程序设计 | 刘　丹　许　晖　孙　媛 | 48.00 |
| Windows Server 2012 R2 实训教程 | 李慧平 | 49.80 |
| 物联网技术与应用——智慧农业项目实训指导 | 马洪凯　白儒春 | 49.90 |
| Electrical Control and PLC Application 电气控制与 PLC 应用 | 王治学 | 58.00 |
| CNC Machining Technology 数控加工技术 | 王晓霞 | 59.00 |
| Mechatronics Innovation & Intelligent Application Technology<br>　机电创新智能应用技术 | 李　蕊 | 59.00 |
| Professional Skill Training of Maintenance Electrician<br>　维修电工职业技能训练 | 葛慧杰　陈宝玲 | 52.00 |
| 现代企业管理（第 3 版） | 李　鹰　李宗妮 | 49.00 |
| 冶金专业英语（第 3 版） | 侯向东 | 49.00 |
| 电弧炉炼钢生产（第 2 版） | 董中奇　王　杨　张保玉 | 49.00 |
| 转炉炼钢操作与控制（第 2 版） | 李　荣　史学红 | 58.00 |
| 金属塑性变形技术应用 | 孙　颖　张慧云<br>郑留伟　赵晓青 | 49.00 |
| 新编金工实习（数字资源版） | 韦健毫 | 36.00 |
| 化学分析技术（第 2 版） | 乔仙蓉 | 46.00 |
| 金属塑性成形理论（第 2 版） | 徐　春　阳　辉　张　弛 | 49.00 |
| 金属压力加工原理（第 2 版） | 魏立群 | 48.00 |
| 现代冶金工艺学——有色金属冶金卷 | 王兆文　谢　锋 | 68.00 |